武汉建设国家中心城市的核心职能研究

Research on the Core Functions of Wuhan Constructing to the National Center City

周恒　黄俊　著

WUHAN UNIVERSITY PRESS
武汉大学出版社

图书在版编目(CIP)数据

武汉建设国家中心城市的核心职能研究/周恒,黄俊著.—武汉:武汉大学出版社,2020.6

ISBN 978-7-307-20969-5

Ⅰ.武… Ⅱ.①周… ②黄… Ⅲ.城市建设—研究—武汉 Ⅳ.TU984.263.1

中国版本图书馆 CIP 数据核字(2019)第 109350 号

责任编辑:胡　艳　　责任校对:李孟潇　　整体设计:马　佳

出版发行:**武汉大学出版社**　(430072　武昌　珞珈山)

(电子邮箱:cbs22@ whu.edu.cn　网址:www.wdp. com.cn)

印刷:北京虎彩文化传播有限公司

开本:720×1000　1/16　印张:9.75　字数:135 千字　插页:1

版次:2020 年 6 月第 1 版　2020 年 6 月第 1 次印刷

ISBN 978-7-307-20969-5　定价:40. 00 元

版权所有,不得翻印;凡购我社的图书,如有质量问题,请与当地图书销售部门联系调换。

前　言

在全球经济、信息一体化的大背景下，全球城市相互融合，形成世界城市体系，弗里德曼按照各城市的经济控制能力和所联系的经济腹地区域范围，将世界城市等级体系划分为：世界城市、洲际中心城市、国家中心城市、区域性中心城市。

中国作为全球第二大经济体(2009 年)、世界最大出口国(2010 年)、世界最大贸易国(2013 年)，在世界经济格局中的作用日益突出，但目前中国仅有 1 个洲际中心城市(香港)，5 个国家中心城市(北京、上海、广州、重庆、天津)，在数量和等级上均显不足。受区位和政策影响，目前我国区域经济呈现"三大众小"的不均衡发展格局，"长三角""珠三角""环渤海"三大经济区独领风骚，而其他地区，如中部、西北、西南和东北地区，则发展明显滞后。一方面，我国需要提升国家中心城市在世界城市体系中的等级，增强国际竞争力；另一方面，要积极拓展新的国家中心城市，参与全球政治、经济、科技和文化分工。

如何认定国家中心城市，目前没有统一的评价标准；如何建设国家中心城市，目前也没有公认的规律。国家中心城市职能评价体系的建立，有助于更好地认识国家中心城市，把握其塑造规律，并为其他以建设国家中心城市为目标的城市提供建设指引。国家中心城市作为世界城市体系中的第三等级城市，未来可能成为世界城市，其评价体系必须参照世界城市的认定标准、评价体系、发展历程和远景规划，并结合我国的特色国情和城镇体系来建立。

本研究基于世界城市的认定标准、评价体系、发展历程和远景规划，结合国家中心城市的内涵以及城市职能动态体系，建立“基础职能”“成长职能”和“目标职能”三位一体的国家中心城市职能评价体系。基于评价体系并运用层次分析法，对我国现有的5个国家中心城市(北京、上海、天津、广州、重庆)和6个区域中心城市(武汉、沈阳、南京、成都、西安、深圳)进行综合评价，并以武汉市为重点研究对象，对评价结果进行比较，分析武汉市当前在建设国家中心城市进程中城市职能的优势和不足。借鉴世界城市发展路径，考虑未来国家中心城市的发展方向，探讨确定武汉市建设国家中心城市的核心职能，并提出培育核心职能的实施建议，以期实现将武汉市建设成为国家中心城市的目标，缩短到达国家中心城市的路径。

2011年武汉市第十二次党代会首次明确指出“举全市之力建设国家中心城市”，本书研究内容在这一政策背景下产生。书中基础数据均来源于各城市2012年统计年鉴和各城市2011年国民经济发展和社会统计公告，重在研究2011年武汉与5个国家中心城市、5个区域中心城市的发展优劣势。虽然书中数据已不能反映当前的各城市发展态势，但是书中建构的国家中心城市职能评价体系和方法能为目前的国家中心城市评价及建设提供借鉴。

本书在编写过程中得到了许多人的帮助。感谢武汉大学王国恩导师、黄经南老师，在研究框架的确定、研究方法的筛选、研究结论的敲定等方面给予了笔者无私的指导和帮助。感谢贤内黄俊，在专业上的真知灼见和生活中的悉心陪伴。

周　恒

2019年3月

目　　录

第1章　绪　　论

1.1　研究背景与依据

1.1.1　世界城市体系的构建需中国城市的参与

在全球经济、信息一体化的大背景下，全球城市相互融合，形成世界城市体系，弗里德曼按照各城市的经济控制能力和所联系的经济腹地区域范围，将世界城市等级体系划分为：世界城市、洲际中心城市、国家中心城市、区域性中心城市[1]。

作为全球第二大经济体(2009年)、世界最大出口国(2010年)、世界最大贸易国(2013年)，中国在世界经济格局中的作用日益突出，但目前中国仅有一个洲际中心城市(香港)、5个国家中心城市(北京、上海、广州、重庆、天津)，在数量和等级上均显不足。受区位和政策影响，目前我国区域经济呈现“三大众小”的不均衡发展格局，“长三角”“珠三角”“环渤海”三大经济区独领风骚，其他地区，如中部、西北、西南和东北地区，则发展明显滞后[2]。一方面，我国需要提升国家中心城市在世界城市体系中的等级，增强国际竞争力；另一方面，要积极拓展新的国家中心城市，参与全球政治、经济、科技和文化分工。

1.1.2 国家中心城市缺乏系统的科学评价体系

中国国家中心城市发端于2005年，住房和城乡建设部所编制的《全国城镇体系规划(2005—2020年)》将城镇体系中的最高等级城市北京、上海、广州、天津和香港定为“全球职能城市”，成为国家中心城市的前身。2010年中国住房和城乡建设部发布的《全国城镇体系规划》将国家城镇体系中的最高等级城市正式命名为“国家中心城市”，包括北京、天津、上海、广州和重庆5个城市。五大国家中心城市中，北京是中国的政治中心，上海是中国的经济中心，重庆是中西部地区的经济、金融中心，天津是北方地区和环渤海地区的经济中心，广州是中国华南地区的经济、交通、行政中心。

如何认定国家中心城市，目前没有统一的评价标准；如何建设国家中心城市，目前也没有公认的规律。国家中心城市职能评价体系的建立，有助于更好地认识国家中心城市，把握其塑造规律，并为其他以建设国家中心城市为目标的城市提供建设指引。国家中心城市作为世界城市体系中的第三等级城市，未来可能成为世界城市，其评价体系必须参照世界城市的认定标准、评价体系、发展历程和远景规划，并结合我国的特色国情和城镇体系来建立。

1.1.3 国家战略对武汉城市发展的要求

2010年，国务院原则同意《武汉市城市总体规划(2010—2020年)》，并将武汉定位为“我国中部地区的中心城市”，从国家角度肯定了武汉在中部地区的核心城市地位。在国家“十二五”规划纲要中，也提出“大力促进中部地区崛起，发挥承东启西的区位优势，改善投资环境，壮大优势产业，发展现代产业体系，强化交通运输枢纽地位”，国家对于整个中部地区的发展提出明确要求——承接东西部建设。2012年5月，时任国务院总理温家宝视察湖北，明确表示大力支持武汉建设国家中心城市，构建促进中部地区崛起的重要战略支点。至此，武汉的定位不再只是湖北省的核心城市，其战略定位开始上升到国家层面，成为中部崛起的核心支点，担负着引领中部地区发展的使命。

作为中部地区中心城市，武汉建设国家中心城市，是重塑区域发展格局、实施中部崛起、平衡经济发展的重要举措，同时也是我国进一步深化对外开放和扩大内需消费的客观要求。

1.1.4 武汉市建设国家中心城市的强烈诉求

回顾武汉市的发展历史，武汉近代的崛起源自于1858年的开埠通商，武汉成为中西部内陆市场和国际市场接轨的中转站，成为比肩上海的商贸大都市。而张之洞在鄂推“西学”、练“新军”、办“洋务”，汉阳铁厂、湖北枪炮厂、武昌造币局以及布纱丝麻四局等则开创了武汉近代工业的良好局面，武汉成为当时与上海、天津并列的三大制造业中心之一，在国家中心的地位显著上升，被誉为“东方芝加哥”。但由于随后的抗战影响，大批企业为躲避战火而西迁至后方，武汉经济发展逐渐放缓。中华人民共和国成立后，得益于国家均衡发展战略和计划经济，一批国家重点项目落户武汉。20世纪80年代，武汉市工业总产值及利税，均列全国大城市第四位，再度成为全国重要的工业基地。另外，随着经济的繁荣，武汉科教能力也仅次于北京和上海，高居全国第三位。经历20世纪80年代的辉煌之后，随着深圳等城市的对外开放，国家经济中心东移至沿海地区，武汉城市地位再次下降。到20世纪90年代，武汉在19个副省级城市中的排名被挤出了前十位。2000年之后，武汉的发展开始提速，城市地位也逐步回升。2009年，武汉GDP重回副省级城市第五位。2012年，在全国15个副省级城市中排名第四，挺进全国城市第九位，重返全国城市经济总量十强。

武汉已经部分完成从中部重要中心城市到中部中心城市的蜕变，目前正努力向更高层次的国家中心城市目标冲击。武汉市第十二次党代会提出“建设国家中心城市，复兴大武汉”的宏伟构想，武汉市“十二五”规划纲要更将建设国家中心城市作为未来5年的核心发展主题。

纵观武汉的城市发展史，武汉具有建设国家中心城市的基础条件和强烈诉求，其发展定位、核心职能和实施路径成为建设国家中心城市的关键，需要在全球层面、国家层面、区域层面进行系统的研究。

然而武汉成为国家中心城市的目标清楚，但是定位模糊不清，具体实施路径不明。必须明确武汉建设国家中心城市的核心职能，即武汉在国家层面上的发展优劣势，使得武汉在建设国家中心城市的道路上少走弯路、有的放矢。

1.2 研究的目的与意义

通过对世界城市发展的规律研究，明确武汉的城市发展阶段和在世界城市体系中的位置，为武汉市未来的发展方向提供战略性建议；结合世界城市等级评价体系和我国特色的城镇等级评价体系，构建我国国家中心城市职能评价体系。评价体系的建立有助于更好地认识国家中心城市，把握其塑造规律，并为其他后发城市提供建设指引。

基于国家中心城市职能评价体系和武汉市发展历史及现状，为武汉建设国家中心城市提供明确的核心职能定位，并以此提出实施路径，以期达到武汉建设国家中心城市的最佳效果和最短路径。

1.3 国内外相关研究综述

1.3.1 国外研究进展

国外并没有“国家中心城市”这一说法，其相关研究主要集中在世界城市(全球城市)的认定标准及其评价体系方面，但随着中国的快速发展，我国的国家中心城市必将走向世界城市之列，故而世界城市的认定标准和评价体系对于研究国家中心城市的特征和未来有重要的借鉴意义。

1. 世界城市的认定标准

(1)以政治、交通、服务业作为判定标准。

1966年，彼德·霍尔在提出“世界城市”的概念时，认为，世界城市的判定标准包括：国家的政治中心，发达的新闻出版业和无线电、电视网络，综合交通枢纽，发展良好的娱乐服务业，较大规模的人口和富裕阶层等[3]。

(2)以经济全球化背景下的职能分布作为评价标准。

1986年，弗里德曼从经济全球化带来的全球劳动再分工出发，分析了世界城市形成的内在动力机制，总结出世界城市的七项特征：主要的金融中心、商业服务中心、国际组织所在地、跨国公司总部基地、主要交通枢纽、重要的制造业中心、较大的人口规模[4]。

(3)以现代服务业作为主要评价标准。

1991年，美国经济学家萨森提出全球城市是“全球性服务中心”，能够为全球提供高度专业化的金融服务的大城市[5]。1999年，由英国的毕沃斯托克等人成立的“全球化与世界城市研究小组”(GaWC)认为，现代服务业是后工业时代的产物，世界城市已经步入后工业时代，现代服务业成为其支柱产业，选取会计、广告、金融和法律4个代表性指标来判定世界城市[6]。

(4)包含经济、社会、人文等要素的综合评价标准。

1991年，伦敦规划咨询委员会以可持续发展为目标，提出了一套包含经济、社会、人文等要素的综合性指标，认为单一功能见长的国际大城市不能作为世界城市体系中的核心城市。其对于世界城市的判定标准具体包括基础设施、财富创造能力、就业和收入、生活品质[7]。首次将目光投入到社会、文化和环境领域。对于世界城市的评价标准，由单要素向综合要素转变，世界城市在创造经济增长的同时，也应该具有良好的生活环境和社会氛围，适合人类的居住。

(5)以现代服务网络联系度作为主要判定标准。

1996年，卡斯特尔认为，现代社会是由资本、信息、技术、组织互动等各种流组成的网络，他认为，城市是“网络的节点和枢纽”，城市的功能和地位由网络所决定。世界城市不是一个地点的概念，而是一种联系过程，是“在全球网络中作为一种高级服务生产和消费连接过程的中心”[8]。

1999年，英国的“全球化与世界城市研究小组”(GaWC)认为，世界城市是服务业企业重要的聚集地和市场，并运用跨国服务业企业的布局和内部联系来研究世界城市网络，选取会计、广告、金融、保险、法律和管理咨询这6个代表性指标来测度城市网络关系，进而判定世界城市[9]，并将世界城市分为3个级别及数个副级别，由高到低顺序为：Alpha级（下设四个副级别：Alpha++、Alpha+、Alpha和Alpha-），Beta级(下设三个副级别：Beta+、Beta和Beta-)，Gamma级(下设三个副级别：Gamma+、Gamma和Gamma-)，另外还有“高度自足”和“自足”两个级别，意即此等城市能够提供程度足够的服务，不需明显地依赖其他全球城市。

2012年后，GaWC将世界城市网络研究逐步延伸到人口、基础设施、科技创新、人文活动等领域[10]。

从世界城市的研究历程来看(表1-1)，世界城市的判定标准从单一走向多元化，从静态属性走向动态网络属性。目前，现代服务网络是判断世界城市的主流指标，但是此判定标准过于重视经济影响力，而忽略了人文、宜居和绿色建设等方面。虽然现代服务业拥有极高的附加值和产业控制力，代表产业的最高阶段，现代服务业的聚集可以表明城市产业高度，但不能代表城市其他各方面都领先。世界城市应该是综合性的高等级城市，在经济、创新、社会、人文、生活等方面都要求达到一定的高度。

表 1-1　　世界城市判定标准历程

代表人或组织	时间	世界城市判定标准	评价
彼德·霍尔	1966 年	国家的政治中心，发达的新闻出版业和无线电、电视网络，综合交通枢纽，发展良好的娱乐服务业，较大规模的人口和富裕阶层等	关注城市个体属性，忽视了城市间的关系
弗里德曼	1986 年	主要的金融中心，商业服务中心，国际组织所在地，跨国公司总部基地，主要交通枢纽，重要的制造业中心，较大的人口规模	强调地域分工，开始突破国家城市体系
伦敦规划咨询委员会	1991 年	基础设施、财富创造能力、就业和收入、生活品质	开始关注社会环境、人文环境
萨森	1991 年	金融和专业服务业的重要聚集地、生产中心、主要市场	过于强调现代服务业，忽略了世界城市的其他属性
卡斯特尔	1996 年	在全球网络中作为一种高级服务生产和消费连接过程的中心	建立了城市间的现代服务业流动网络
GaWC	1999 年	现代服务业企业重要聚集地和市场	以现代服务业流动网络为核心，忽略了世界城市的其他属性
	2012 年	现代服务、人口、基础设施、科技创新、人文活动	逐步开始考虑世界城市的综合属性

2. 世界城市的评价体系

目前，国际上对世界城市的评价体系主要有两大类：一类是以跨国公司的总部集聚度、网络关联度等为依据的单维度评价体系；另一类是以城市竞争力、全球实力、机遇指数等为代表的多维度评价体系。

(1) GaWC 世界城市网络指数(world city network)。

GaWC(表 1-2)先后采用商业连接网络、连锁网络、移民网络、基础设施网络、科技关系网络、创新传播网络、活动网络来分析所在城市的网络关联度[10]，并将世界城市进行分类。但是，到目前为止，仍然没有综合性的评价体系出现。

表 1-2　**世界城市网络指数评价体系**

网络指标	要素
商业连接网络	主要报纸的广告版面
连锁网络	企业总部及分支机构
移民网络	跨国移民
基础设施网络	航空、电信、因特网
科技关系网络	科技合作
创新传播网络	专利合作
活动网络	非政府组织

(2)世界城市竞争力指数(global city competitiveness index)。

英国智库“经济学人情报中心”每年发布世界城市竞争力指数，该评价体系包含 8 个领域和 31 个指标(表 1-3)。依据权重指数，各个领域的重要度可以分为四个层面：第一层面为经济实力，占据 30%的权重；第二层面为人力资本和制度效率，各占 15%的权重；第三层面为金融成熟度、物质资本、全球感召力，各占 10%的权重；第四层面为社会和文化特色、环境和自然灾害，各占 5%的权重[11]。

表 1-3 世界城市竞争力指数评价体系

指标	权重(%)
经济实力	**30**
GDP	25
人均 GDP	10
家庭年消费>1.4 万美元比率	10
实际 GDP 增长率	45
区域市场一体化	10
人力资本	**15**
人口增长率	12.5
劳动人口率	8.3
企业家精神	25
教育质量	33.3
医疗质量	8.3
外国劳动力	12.5
制度效率	**15**
民主	14.3
财政自由性	28.6
税收	14.3
法治	14.3
政府效率	28.6
金融成熟度	**10**
金融广度和深度	100
全球吸引力	**10**
世界 500 强公司	20
国际航班频率	20
国际会议次数	20
高等教育全球排名	20
国际著名智库	20

续表

指标	权重(%)
物质资本	**10**
基础设施质量	42.9
公共交通质量	14.3
通信质量	42.9
环境和自然灾害	**5**
灾害风险	33.3
环境治理	66.7
社会和文化特色	**5**
公民自由	20
开放多元	20
犯罪率	20
文化活力	40

(3)世界城市实力指数(global power city index)。

从2008年开始，日本森纪念基金会每年发布世界城市实力指数，评价40个主要城市的全球实力(表1-4)。该评价体系分为两个部分，包括基于功能的客观评价和基于角色的主观评价。基于功能的客观评价包含经济、研发、文化交流、宜居性、环境、可达性6个领域和70个相关指标；基于角色的主观评价包含5种角色(管理者、研究者、艺术家、旅游者、当地居民)及其在相关功能领域的主观评价[12]。

表1-4 **世界城市实力指数评价体系**

指标	管理者打分	科研者打分	艺术家打分	旅游者打分	居民打分	总得分
经济实力	**13**	**2**	**2**	**—**	**5**	**22**
市场规模						

续表

指标	管理者打分	科研者打分	艺术家打分	旅游者打分	居民打分	总得分
市场吸引力						
经济活力						
人力资本						
商业环境						
法规与风险						
科研能力	**2**	**7**	**—**	**—**	**2**	**11**
学术资源						
科研背景						
研究成果						
文化交流	**7**	**7**	**7**	**12**	**7**	**40**
创新潜力						
文化资源						
游览设施						
旅游吸引力						
文化交流量						
宜居性	**12**	**9**	**8**	**6**	**12**	**47**
工作环境						
生活成本						
安全性						
生活环境						
生活配套						
环境	**6**	**5**	**5**	**—**	**8**	**24**
生态						
污染						
自然环境						
可达性	**9**	**4**	**2**	**8**	**5**	**28**

续表

指标	管理者打分	科研者打分	艺术家打分	旅游者打分	居民打分	总得分
国际运输网						
国际运输基础设施						
城市交通服务						
交通便捷度						

(4)世界城市指数(global cities index)。

从2008年开始，美国智库AT Kearney每隔两年发布世界城市指数，包含5个领域的26个指标。整个评价分成两个维度——现实表现和未来潜力。依据权重指数，现实表现分为三个层面：第一层面为商务活动和人力资本，各占30%的权重；第二层面为信息交流和文化体验，各占15%的权重；第三层面为政治参与，占10%的权重。未来潜力分为四个层面：幸福指数、经济、创新和管理，各占25%的权重[13]。见表1-5。

表1-5 **世界城市指数评价体系**

指标		权重(%)
现实表现		
商务活力	资金流量	30%
	市场动力	
	大公司表现	
人力资本	受教育程度	30%
信息交流	信息开放度	15%
文化体验	体育活动	15%
	博物馆	
	展览馆	

续表

指标		权重(%)
政治参与	政治事件	10%
	智囊团	
	大使馆	
未来潜力		
幸福指数	安全度	25%
	健康	
	不平等	
	环境	
经济	长期投资	25%
	GDP	
创新	企业专利	25%
	私人投资	
	孵化器	
管理	长期稳定	25%
	政府质量	
	经商便利度	

(5) 机遇城市指数(cities of opportunity index)。

从2007年开始，普华永道(PwC)对于在金融、商务和文化方面具有影响力的30个主要城市，采取客观和主观相结合的方式，对其城市发展机遇(cities of opportunity)进行评价，见表1-6。机遇城市评价体系包括10个领域和55个变量。10个领域包括智力资本和创新、技术成熟度、门户城市、交通和基础设施、健康和安全、可持续发展和自然环境、文化和居民生活、经济影响力、易商环境、成本，每个领域设置4~9个不等的变量[14]。

表 1-6　　　　　　　**机遇城市指数评价体系**

领域	变量
智力资本和创新	公共图书馆
	受过高等教育的人员比例
	重点大学的研究水平
	创新城市指数
	创业环境
	创新应用
技术成熟度	互联网普及率
	宽带速率
	数字经济
	软件与多媒体设计
门户城市	星际酒店
	国际游客
	飞机航班
	客运总量
	会展经济发展指数
健康和安全	医护资源
	医疗体系服务水平
	养老服务
	城市安全指数
交通和基础设施	公共交通系统
	轨道交通覆盖面
	正规出租车
	绿化面积
	大型建筑活动
	居民住房保障

续表

领域	变量
可持续发展和自然环境	资源利用
	劳动力供给
	自然气候
	碳排放
	自然灾害风险
文化和居民生活	文化活力
	交通拥堵状况
	空气质量
	生活质量
经济影响力	知名企业数量
	金融从业人员数
	吸引外商直接投资
	技术市场规模
	城市生产力水平
	国内生产总值名义增长率
宜商环境	创业便利性
	员工管理风险
	物流效率
	资本市场参与度
	商业运营风险
	保护股东权益的能力
	财政收支平衡度
	市政建设投资
	外贸依存度

续表

领域	变量
成本	公共交通的成本
	商业用地的成本
	租金成本
	消费物价成本
	Iphone 指数
	网络成本

通过对比分析各评价体系发现，世界城市的评价体系大多是多维度的综合评价体系，基本上都在关注经济、创新、吸引力、环境、文化、宜居这六个领域，见表1-7。从这些评价指标中可以看出，世界城市是一个在各方面都领先的综合性城市，而不仅是传统意义上的经济中心、集聚中心、创新中心，必须在环境、文化、宜居等方面也领先于其他城市。

表1-7 **世界城市评价体系指标分布情况**

评价体系	发布组织或个人	经济指标	创新指标	吸引力指标	环境指标	文化指标	宜居指标
世界城市网络指数（WCN）	GaWC	广告、企业总部	科技合作、专利合作	移民、基础设施	—	非政府组织	—
世界城市竞争力指数（GCCI）	英国智库“经济学人情报中心”	经济实力、金融成熟度	人力资本	全球吸引力	环境和自然灾害	社会和文化特色	物质资本、制度效率

续表

评价体系	发布组织或个人	经济指标	创新指标	吸引力指标	环境指标	文化指标	宜居指标
世界城市实力指数(GPCI)	日本森纪念基金会	经济	研发	可达性	环境	文化交流	宜居性
世界城市指数(GCI)	美国智库AT Kearney	商务活动、经济	创新、人力资本	信息交流	幸福指数	文化体验、政治参与	管理
城市发展机遇指数(COI)	普华永道(PwC)	经济影响力、易商环境	智力资本和创新、技术成熟度	门户城市、交通和基础设施	可持续发展和自然环境	文化和居民生活	健康和安全、成本

1.3.2 国内研究进展

国内对于国家中心城市的研究从研究目的上可以分为两个层面：一个层面是国家中心城市如何建设成为世界城市，其研究重心为世界城市；另一个层面是区域中心城市如何建设国家中心城市，其研究重心为国家中心城市。

1.3.2.1 国内对于世界城市的研究

国内对于世界城市的研究分为两个方面——理论研究和实证研究。理论研究主要集中在对国外世界城市理论的介绍和引进；实证研究主要是建立世界城市评价体系，主要试图为北京和上海两个城市建设世界城市找出路径和方法。

理论研究的代表人物是蔡来兴和顾朝林。蔡来兴在其专著《国际经济中心城市的崛起》中，从基本内涵、形成条件、发展趋势三个方面较系统地探讨了"国际经济中心城市"，另外，他指出，"国际性城市"是伴随着世界经济重心的转移而产生。顾朝林等著的《经济全球化与中国城市发展——跨世纪城市发展战略研究》论述了中国城市体系与世界城市体系的关系，并探讨了全球化、信息化背景下中国城市体系的发展思路。

对于世界城市的实证研究可以分为三类。第一，以单类指标作为评判标准。如刘玉芳(2008)将国际化程度作为世界城市的唯一评价标准，通过人口、航空运力和国际组织等相关数据，将北京与纽约、东京等世界城市进行比较。第二，综合多项指标建立评价体系，但不够全面。齐心(2011)从总体实力、网络地位和支撑条件三个较综合性指标来分析评价北京与纽约、东京、伦敦的差距。第三，建立涵盖城市多功能的综合指标体系。屠启宇(2009)从城市规模、控制力、沟通力、效率、创新、活力、公平、宜居和可持续九个层面来构建北京建设世界城市的指标体系[15]。段霞(2011)以功能、规模、基础、禀赋和品质5个综合性指标来对31个全球城市进行评价，为国内城市建设世界城市或提升国际水平提供国际比较依据、测评指标和理论参考[16]。唐子来(2015)结合全球多个世界城市评价体系，提出新的综合评价体系，包含6个发展维度(经济、社会、文化、科技、环境和体制)和2个支撑维度(人力资本和物质资本)[17]。

国内对世界城市的理论和实证研究，阐述了世界城市的内涵和特征，也分析了国家中心城市与世界城市的差距，为建设世界城市、国家中心城市指明了道路，即强调世界城市是一个综合性的城市，在城市规模、城市控制力、城市交往能力、城市竞争力、城市宜居性等各方面都优于其他城市。

1.3.2.2　国内对于国家中心城市的研究

国内关于国家中心城市的研究主要集中在其功能、评判标准、职能的研究等方面。

周阳(2012)认为，国家中心城市具有四大核心功能——控制管理、协调辐射、城市服务和信息枢纽，据此，他采用层次分析法对12个城市进行了10类要素共40项指标的综合评价，以广州为参照，得出了12个城市的国家中心城市指数得分[18]。陈来卿(2009)认为，国家中心城市具有集聚、辐射、携领和综合服务四项功能，以此建立了国家中心城市评价体系，并对广州发展情况进行评价分析[19]。李林(2012)等认为，国家中心城市的评判标准有5个：区域性经济中心、区域性服务中心、总部汇集地、创新中心、宜居城市，以此标准来对国家20个主要城市进行评价，北京、上海、广州、天津和重庆评价结果最高，被"认定"为国家中心城市[20]。朱小丹(2009)认为，国家中心城市的发展实力体现在综合经济实力、创新能力、可持续发展能力、公共服务和社会治理能力、文化软实力和国际竞争力7个方面[21]。王国恩(2009)基于广州的经济辐射范围，从全球、国家、区域三个层面研究了广州作为国家中心城市的核心职能体系[22]。

国内目前对于国家中心城市的研究视角相对局限，仅从国家层面来考虑国家中心城市，忽略了全球层面的考虑。多将国家中心城市看做我国城市发展的终极状态，而不是世界城市，对于国家中心城市的相关判断具有局限性。

1.3.2.3 国内对于武汉建设国家中心城市的研究

目前，对于武汉建设国家中心城市的研究主要集中在宏观战略研究上。按研究方法来分，可分为两类：一类是理论研究，通过对国家中心城市的内涵理解和相关理论研究，来主观确定武汉建设国家中心城市的战略；另一类是实证研究，通过主要经济数据来比较分析武汉与国家中心城市的差距，通过优势互补、取长补短等原则，来描绘武汉建设国家中心城市的战略。

具有代表性的理论研究有：路洪卫(2012)从国家中心城市的定义出发，认为武汉建设国家中心城市的战略突破口有三个：一是创新，二是城市转型——"两业并举"，三是区域联动[23]。赵凌云(2011)基于对国家中心城市的内涵理解，认为武汉建设国家中心城市的关键在于提升城市服务和辐射能力，并提出制造业升级、市场要素转移、金融中心建设和科技创新中心建设四大策略[24]。辜小勇(2012)基于武汉的发展现状，通过SWOT分析，得出“五大优势、四大机遇，三项劣势、一个威胁”，认为武汉建设国家中心城市是一个“长期过程”[25]。

具有代表性的实证研究有：李春香(2011)从GDP、产业结构、科教实力、基础设施、国际影响力5个方面比较分析了武汉与5个国家中心城市发展实力对比，并提出提升环境竞争力、优化产业结构和建设金融中心的发展思路[26]。周阳(2012)从国家中心城市功能出发，选取国内12个特大城市，来比较分析其“控制管理功能”“协调辐射功能”“城市服务功能”和“信息枢纽功能”，最后得出武汉在特大城市中的位置排名[18]。

目前，对于武汉建设国家中心城市的研究尚不够系统，缺乏统一的理论体系。理论基础多来自于借鉴，结论比较主观，对于国家中心城市的内涵缺乏统一的认识，在对武汉的研究上也缺乏客观性。实证研究中，对于要素的选择过于主观，没有系统的理论基础作为支撑。

1.3.3 小结

国内目前缺乏对于国家中心城市较为系统、全面的研究，对于怎样才能成为国家中心城市，缺乏统一的具有说服力的标准。国外相关研究关注于全球视角下的世界城市体系，研究较为系统全面，但对处于世界城市体系第三等级的极具地方特色的国家中心城市研究不足。国内各城市则大多是根据自己的实际情况进行某一方面的研究。现有的若干综合评价研究没有把城市放在超越国家的世界城市体系中，由于参照系的局限性，研究对于城市的未来发展方向考虑不足。

1.4 研究内容与方法

1.4.1 研究内容

1. 国家中心城市的理论和概念研究

基于中心地理论、空间作用相互理论、经济基础理论、增长极理论、世界城市体系理论和城镇体系规划理论，分析国家中心城市的内涵、定义和特征。

2. 构建国家中心城市职能评价体系

基于国家中心城市的内涵、定义和特征，根据城市职能的定义和动态体系，构建国家中心城市职能体系。

建立由“基础职能”“成长职能”和“目标职能”组成的三维度国家中心城市职能评价体系。为城市梳理发展优劣势，为其建设提供明确定位、实施路径，达到建设国家中心城市的最佳效果和最短路径。

“基础职能”指国家中心城市必须具备的职能，主要来源于国家中心城市的特征和内涵理解，属于识别性指标，用于评价发展现状；“成长职能”主要反映城市建设国家中心城市的潜力和竞争力，属于路径性指标，用于评价发展潜力、指引发展路径；“目标职能”主要反映未来城市发展的方向和重点，属于展望性指标，用于评价未来城市特色。

3. 基于层次分析法的多城市职能综合评价

运用上述评价体系，对我国现有的 5 个国家中心城市(北京、上海、天津、广州、重庆)和 6 个区域中心城市(武汉、沈阳、南京、成都、西安、深圳)进行评价，以武汉为基准点，对评价结果进行系统比较分析，得出武汉的发展优劣势、发展潜力和发展机遇。

4. 武汉建设国家中心城市的核心职能体系构建

基于武汉的发展历史和多城市职能评价结果，明确武汉建设国家中心城市的优劣势，综合考虑未来城市的发展方向，构建武汉建设国家中心城市的核心职能体系。

5. 武汉建设国家中心城市的发展讨论及建议

针对上述评价和比较分析，为武汉市建设国家中心城市提供系统的建设路径。

1.4.2 研究方法

1. 文献阅读、报刊检索

根据所确定的研究方向和对象，大量阅读相关书籍、期刊、杂志，以及优秀硕、博士研究生论文等，了解现阶段的研究动态，获取相关的理论成果，为课题研究寻求理论依据。

2. 归纳分析法

课题研究建立在对已有理论与实践归纳、分析、总结的基础上，通过研究，归纳总结评价体系。

3. 个案分析法

通过对武汉市建设国家中心城市的实证评价，对其发展建设提供科学指引。

4. 定性分析与定量分析结合

本书将采取定量为主、定性为辅的综合分析方法，对城市进行综合评价。

5. 层次分析法

运用层次分析法对国家中心城市职能体系各评价因子赋予权重，将城市综合职能作为判断矩阵的决策目标，基础职能、成长职能和目标职能作为子目标层，经济中心、集聚中心、辐射中心、交往中心、科技创新中心、信息中心、宜居中心、人文中心和绿色中心作为中间层要素，将 GDP、人均 GDP 等 39 个评价因子作为备选方案，构建判断矩阵，最后根据专家打分给出最终权重。

1.5 研究框架

本书的研究框架如图 1.1 所示。

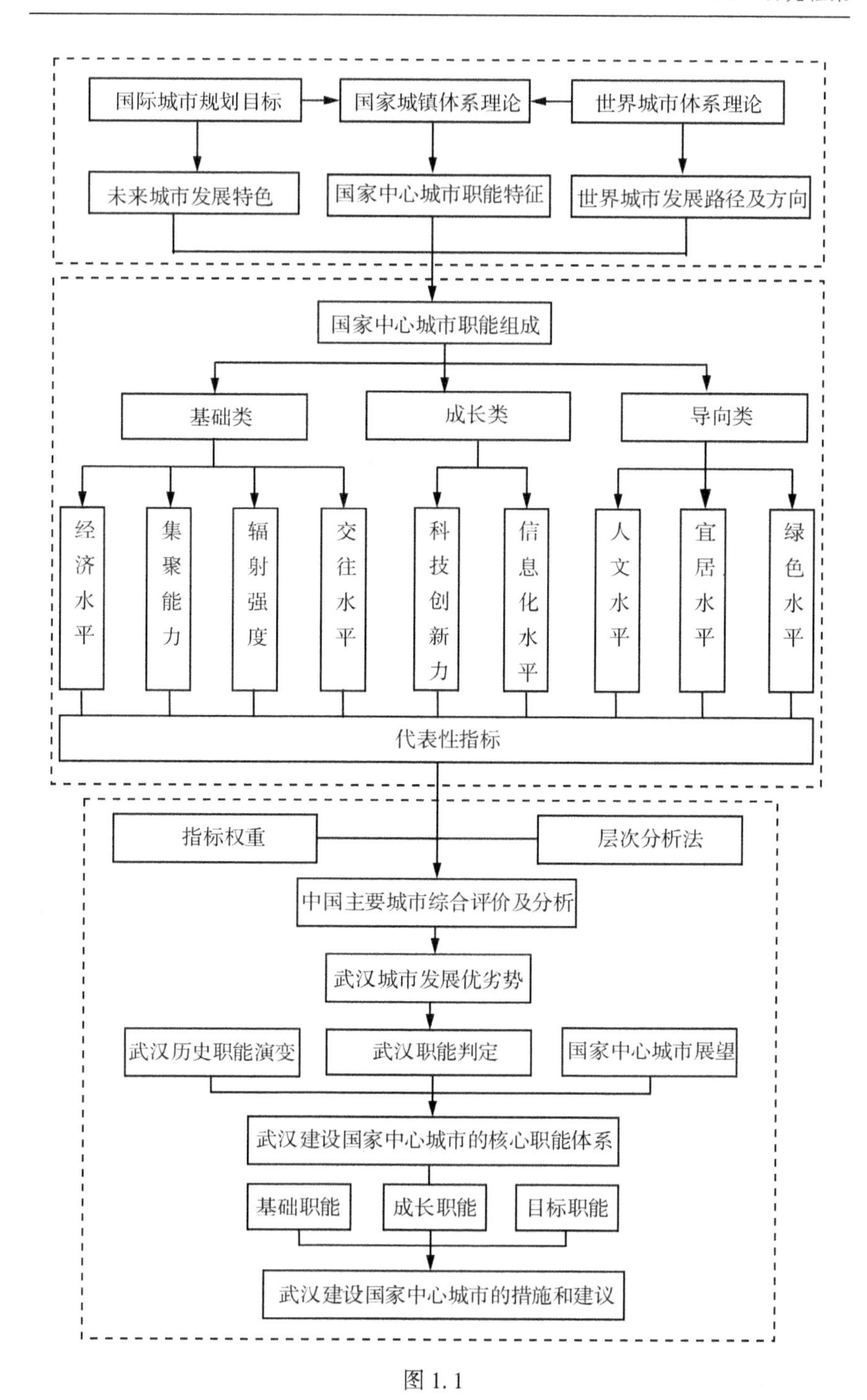
国际城市规划目标
国家城镇体系理论
世界城市体系理论
未来城市发展特色
国家中心城市职能特征
世界城市发展路径及方向
国家中心城市职能组成
基础类
成长类
导向类
经济水平
集聚能力
辐射强度
交往水平
科技创新力
信息化水平
人文水平
宜居水平
绿色水平
代表性指标
指标权重
层次分析法
中国主要城市综合评价及分析
武汉城市发展优劣势
武汉历史职能演变
武汉职能判定
国家中心城市展望
武汉建设国家中心城市的核心职能体系
基础职能
成长职能
目标职能
武汉建设国家中心城市的措施和建议

图 1.1

第2章　基础理论及相关概念

2.1　基础理论

2.1.1　中心地理论

中心地理论（central place theory）是1933年由克里斯泰勒（W. Christaller）在其博士论文《德国南部中心地原理》中提出的。其核心思想是：城市是其腹地的服务中心，根据所提供服务的不同档次，各城市之间形成一个有规则的等级分布关系。

中心地理论在研究实践中具体表现在以下几个方面：城市等级划分、城市与区域相互作用机制、城市经济空间模型、城市职能时空分布和零售业和服务业空间分布模型。[27]

中心地理论提出了城市的等级划分，它是研究城市群和城市化的基础理论之一，也是我国国家城镇体系规划、国家中心城市理论的基础理论。

2.1.2　空间相互作用理论

空间相互作用是指区域之间所发生的商品、人口与劳动力、资金、技术、信息等的相互传输过程[28]。该理论认为，空间相互作用可以分为引力和斥力，对区域经济发展有很大的影响。空间相互作用产生的引力主要表现为区域之间资源互补、经济互利，使得区域有更多的发展空间。空间相互作用产生的斥力则表现为区域之间对同类资源、发展机遇的恶性竞争，不利于区域的发展。

空间相互作用理论认为，城市间的经济作用力与它们的规模成正比，与它们的距离成反比。城市间的相互作用力越大，城市联系越紧密。空间相互作用理论是城市群划分的重要理论基础。

2.1.3 经济基础理论

城市发展的经济基础理论是霍伊特在发展前人研究的基础上，于1939年提出的，这一理论指出，城市经济增长是通过对外服务而使资金流入本地而实现的，并将城市经济活动分为服务城市自身的非基本经济活动和服务于城市外部区域的基本经济活动。经济基础理论强调了城市的对外服务功能，即城市的基本经济活动决定了城市在区域中的地位和等级，进而形成城镇网络结构[29]。

2.1.4 增长极理论

“增长极”最早是由弗朗索瓦·佩鲁(F. Perroux)提出的，他认为，各地区的增长并不是平均分布的，增长远强于其他地区的某些地区，被称为“增长极”，这些“增长极”通过能量扩散来影响整个区域经济发展。此后，布德维尔(J. R. Boudville)把佩鲁的“增长极”概念内涵从抽象的经济空间转向地理空间，并由此得出区域增长极理论。

增长极理论认为：一个国家或地区不可能实现均衡发展，发展有先有后、有快有慢，必须由一个或几个“增长极”来带动其他地区发展[30]。因此，在国家的发展中，应优先选定某个有发展前途的骨干企业和主要城市作为“增长极”，通过集聚效应和扩散作用，带动区域经济发展。

2.1.5 世界城市体系理论

“世界城市”的概念最早由英国规划师盖迪斯在1915年提出，盖迪斯将“世界城市”定义为最重要商务活动的集中地[31]。1966 年，英国学者霍尔从全球影响力角度出发，认为世界城市拥有世界级的经济、政治、文化影响力[3]。1986 年，弗里德曼基于国际劳动分工，把世界城市的特征概括为：主要金融中心、跨国公司总部基地(包括地区性总部)、商业服务中心、重要的制造中心、主要交通枢纽和人口集聚中心，并就以上述特征对全球的城市进行评价和分析，构建了“世界城市等级体系”[1]。1989 年，卡斯特尔斯认为全球化、信息化与网络化将所有城市联系成为一个网络整体，城市之间的联系是由“人流”“物流”“信息流”“资金流”等各种流组成，城市地位主要取决于该城市的网络联系强度和网络联系范围，世界城市则是整个世界网络的核心节点[32]。1991 年，美国社会学家萨森根据生产性服务业来鉴别世界城市，把世界城市定义为：发达的金融和商业服务中心，基本确认的有纽约、伦敦和东京[33]。1995 年，英国学者泰勒进一步强化了“世界城市网络”的概念，他强调城市间的网络联系和合作关系[34]。2001 年，斯科特进一步延伸了世界城市的概念，他认为世界城市不是独立存在的，而是依托强大的城镇群而存在的，因此将世界城市的概念延伸为“世界城市区域”。[35]

世界城市体系理论认为，信息技术革命带来的经济全球化使得世界各国城市间的联系加强，也带来新的国际劳动分工和新的城市职能，最终形成世界城市体系。该理论将世界城市体系分为三个等级：第一等级是世界城市，即全球经济的控制和管理中心；第二等级是区域性金融、管理和服务中心，通过信息中转管理来衔接上下级关系；第三等级是进行生产和装配工序的城市。

世界城市体系是一个覆盖全球的城市网络结构，城市是信息网络上的节点，城市职能均具有国际性，传统的国家和区域城市系统均直接或间接地从属于世界城市体系。世界城市体系的形成，使得空间极化和城市职能专门化趋势进一步加强。

世界城市体系理论列出了当今世界城市的等级，阐明了城市职能形成的内部机制和城市发展的终极状态。

2.1.6 城镇体系规划理论

城镇是地域经济、社会空间组织的主要依托中心。城镇体系是一个国家或地区一系列规模不等、职能各异、相互联系、相互制约的城镇有机整体。

城镇体系规划就是在一个地域范围内，“合理组织城镇体系内各城镇之间、城镇与其体系之间、体系与其外部环境之间的经济、社会等方面的相互联系，运用现代系统理论与方法探究整个体系的整体效益，即寻找整体效益大于局部效益之和的部分。在开放系统条件下，强化体系与外界进行的能量和物质交换，使体系内负流增加，促使体系向有序转化，达到社会、经济、环境效益最佳的社会、经济发展总目标。”[36]

城镇体系规划理论所提出的“三个结构、一个网络”(地域空间结构、等级规模结构、职能类型结构和城镇网络系统)为城市规划、区域经济规划部门广泛应用，是我国城镇等级划分的核心理论。

2.2 国家中心城市的定义

2.2.1 国家中心城市的起源

在2005年住建部颁布的《全国城镇体系规划纲要》中，将全国重要城市等级分为全球职能城市、区域中心城市和具有特殊职能及特殊类型的城市。其中，全球职能城市是指在我国具有重要战略地位，在发展外向型经济以及推动国际文化交流方面具有重要作用的城市，并有可能发展成为亚洲乃至于世界的金融、贸易、文化和管理等中心，主要指北京、天津、上海、广州、香港。全球职能城市就是国家中心城市的前身，它主要强调的是城市的外向性和全球性。

2010年2月，中华人民共和国住房和城乡建设部城镇体系规划课题组所编制的《全国城镇体系规划(2010—2020 年)》(草案)在“全球职能城市”的基础上，提出“国家级中心城市”的概念，侧重于对国内城镇体系的影响，拟将北京、天津、上海和广州四大外向型全球职能城市，在国内确定为国家中心城市，并将重庆由区域中心城市提升至国家中心城市(表 2-1)，但这一方案仍为草案，尚未正式出台。自此，中国城镇体系中最高位置的城市被称为国家中心城市。

表 2-1　　　　**中国国家中心城市分布概况**

城市	城镇群	经济圈	区域
北京	京津冀城镇群	环渤海经济圈	华北
天津	京津冀城镇群	环渤海经济圈	华北
上海	长三角城镇群	长三角经济圈	华东
广州	珠三角城镇群	珠三角经济圈	华南
重庆	成渝城镇群	成渝经济区	西南

2.2.2　国家中心城市的内涵理解

对于国家中心城市的内涵，可以从区域、国家、全球三个层面来解读。

1. 区域层面

国家中心城市首先是某个区域的中心城市，具有很强的综合职能，是该区域的经济、文化、教育、科技、信息、综合交通、对外交往和中介服务的中心，在该区域内具有很强的集聚、辐射、交往和创新等功能。从区域上来讲，北京是京津冀城镇群的中心城市，上海是长三角城镇群的中心城市，天津是环渤海经济圈的中心城市，广州是珠三角城镇群的中心城市，重庆是成渝城镇群的中心城市。

2. 国家层面

国家中心城市是国家建设的战略核心，是我国城市最高发展水平的代表，也是国内外经济、文化等各方各面的结合点，承担着与国际交往的职能。国家中心城市根据各自的特点，拥有各自的国家职能。在国家建设和投资上，北京、上海、天津、广州和重庆5大国家中心城市职能各有不同。北京作为我国首都，侧重其政治功能和文化职能；上海侧重其经济职能；天津侧重其交通职能；广州侧重其对外交往职能；重庆侧重其对长江上游及西部地区的聚集、辐射和带动作用。在对外交往上，北京目标定位是世界城市，上海是现代化国际大都市，天津是国际港口城市，广州是国际城市和对外交往中心，而重庆则是内陆开放高地。

3. 全球层面

国家中心城市是世界城市体系的一部分，是世界城市网络体系的节点，至少处于世界城市的第三等级，是联系外部世界的窗口，也是引领国内城市生产、融入世界的核心力量。

2.2.3 国家中心城市的一般定义

目前，对国家中心城市的认识尚未统一。国外学者专注于世界城市的定义，认为世界城市是在世界或全球具有重要影响力和控制力的核心城市，对于具有"世界城市"潜力的国家中心城市则没有定义。国内对于国家中心城市的定义来源于《全国城镇体系规划(2010—2020年)》(草案)，认为"所谓国家中心城市，对外在发展外向型经济以及推动国际文化交流方面具有重要作用，这类城市有可能发展成为亚洲乃至于世界的金融、贸易、文化、管理的中心城市；而对内在全国具备引领、辐射、集散功能的城市，这种功能表现在政治、经济、文化诸方面"。

国家中心城市的定义要立足于国家范围，同时超越国家范畴，用世界眼光和全球化思维来看待国家中心城市，最后落实到其特征和作用上。

一般而言，国家中心城市是指全国城镇体系的最高等级城市，国家重点城镇群的中心城市，全国性的战略中心，全球城市网络体系的重要功能节点，代表国家或区域参与国际交流和国际竞争的门户，是有潜力成为世界城市的城市。

2.3　城市职能的概念及其动态体系

2.3.1　城市职能的概念

“城市职能”最早出现于西方国家，国外学术界对城市职能的理解为，在城市中进行的各种生产、服务活动，并将城市职能分为基本职能和非基本职能两类。基本职能是指为城市以外地区生产和服务的经济活动；非基本职能是指为城市本身提供货物和服务的经济活动[37]。

我国对于城市职能的研究主要集中在城市地理学界和城市规划学界。城市地理学界代表人物为周一星，他认为，城市职能是城市在国家或地区所承担的分工、所起的作用和所承担的角色，是从区域中城市与城市的分工关系出发，针对的是城市对外服务活动，城市自给自足的内部服务活动不能构成城市职能[38]。

城市规划学界也接受上述观点，认为城市职能是城市在一定地域内所发挥的作用和承担的分工，落脚点是城市的对外服务活动。

2.3.2　城市职能的动态体系

对于城市职能的内涵，可以理解为，城市在一定区域内相较于其他城市具有突出表现的生产、服务活动。城市职能是具有时空属性的。

1. 城市职能的空间属性

城市职能是具有空间属性的，即在不同的区域范围内，城市职能会有所差异。在城市职能分类中，可根据城市影响范围分为区域性职能、国家性职能、全球性职能三个层次[37]。

城市的区域性职能是指城市在区域中有较大优势，并且能为腹地提供服务的各种生产活动。由于区域的地理范围有限，通过集聚效应壮大的区域中心城市往往一家独大，其区域性职能往往比较综合，包括政治、经济、社会、人文各方面的职能。区域性职能是城市中心地位的基石，也是城市职能体系的基础。

国家性职能是以城市区域性职能为基础的，主要表现为超越腹地区域尺度的专业化职能，它实际上是城市在国家范围内所承担的地域劳动分工，一般包括工业职能、商贸职能、交通运输职能、服务职能等。国家性职能是国家各大城市之间各种经济活动优胜劣汰的结果，具有很强的外向性，是城市与外围区域交流的载体。

全球性职能主要表现为城市在全球经济中所承担的劳动分工，这些分工对全球经济发展有着举足轻重的作用。全球性职能是国家能够参与全球经济秩序建设的重要保证。

2. 城市职能的时间属性

城市职能是具有时间属性的。城市是在不断发展的，需要动态地考虑城市的现在、成长和未来。根据城市的发展需求，可将城市职能分为满足城市基本需求的基础类职能，满足城市快速发展需求的成长类职能，符合城市终极需求的目标类职能。

城市的基础类职能是指在城市长期的发展中，在区域中一直具有比较优势的生产和服务活动。这些职能是城市赖以生存的基础，也是城市未来发展的保障。城市基础类职能一般包括商贸中心(贸易、商务、金融等)、制造业中心、交通枢纽(公路运输、铁路运输和航空运输)、行政文化中心等[22]。

城市的成长类职能是指面向城市发展需要，对城市快速发展有着强大推动力的职能。这些职能包括科研中心(高等教育、高新技术等)、创新中心(创意设计、软件开发等)、信息中心等。

城市的目标类职能是以未来世界城市为标杆，能保证城市可持续发展的职能。城市在不断的进化中，城市的终极目标归根结底是满足人的需求，即成为一个适宜居住、充满人文关怀的绿色城市。因此，城市的目标类职能包括宜居中心(居住、就业、出行等)、人文中心(意识形态、文化建设等)、绿色中心(资源节约、环境友好)等职能。

3. 城市职能的动态体系

在城市的职能体系构建中，必须同时考虑其时间属性和空间属性，见图 2.1。在此，将城市的时间属性职能作为横轴，空间属性职能作为纵轴，构建具有时空属性的城市职能动态体系(表 2-2)。

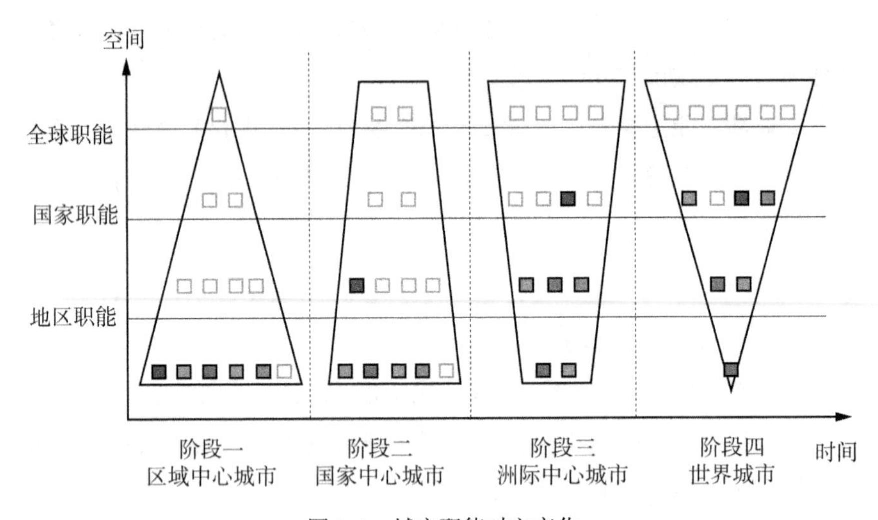

图 2.1　城市职能时空变化

表 2-2　**城市职能动态体系**

	基础职能	成长职能	目标职能
区域性职能			
国家性职能			
全球性职能			

2.3.3　城市职能的获取与评价

目前，在城市职能的评价和划分中，主要考虑其三要素：专业化部门、职能强度和职能规模[39]。专业化部门是指城市为区域服务的部门，涵盖经济、社会、文化等多个领域，构成城市职能的基础结构；职能强度是指专业化部门的专业化程度，可以用人均产量衡量；职能规模是指专业化部门的生产规模，可以用生产总量衡量。职能强度和职能规模为城市职能评价提供指标，即在城市职能评价中主要采用的生产总量和人均产量两类指标。

基于城市职能的动态体系，针对主要的职能部门，选取其生产总量和人均产量，运用层次分析法对城市职能进行综合评价。

2.4 国家中心城市的特征

虽然目前我国没有世界城市，但国家中心城市作为我国的顶级城市（未来可发展成为世界城市），应该与世界城市接轨，其特征也应与世界城市相似。综合研究世界城市的起源、成长过程和未来发展方向，本书总结国家中心城市应该具备的一些特征。

2.4.1 国家的经济中心

2010年2月，中华人民共和国住房和城乡建设部编制的《全国城镇体系规划（2010—2020年）》（草案）在“全球职能城市”的基础上，提出“国家中心城市”的概念，认为“所谓国家中心城市，对外在发展外向型经济以及推动国际文化交流方面具有重要作用，这类城市有可能发展成为亚洲乃至于世界的金融、贸易、文化、管理的中心城市；而对内在全国具备引领、辐射、集散功能的城市，这种功能表现在政治、经济、文化诸方面”。

弗里德曼按照各城市的经济控制能力和所联系的经济腹地区域范围，将世界城市等级体系划分为：世界城市、多国节点城市、国家节点城市，以及区域节点城市。整个世界城市体系是一个金字塔结构，数量最多的是区域节点城市，只具有区域性职能；数量居中的是国家节点城市，具有区域性和国家性职能；数量较少的是多国节点城市，具有国家性职能和部分全球性职能；数量最少的是世界城市，具有全球性职能[40]。

因此，我国的国家中心城市至少属于世界城市体系（表 2-3）的第三等级，北京和上海正在成为洲际中心城市[1]。国家中心城市处于世界城市和国内普通城市之间，是国内外经济的结合点、决策与指挥中心，是我国与世界经济联系的窗口和纽带，其主要职能是作为国家经济中心，把国家或区域的资源引入全球经济，同时把世界资源引到国内。

表 2-3　　**世界城市体系构成**

	世界城市	洲际中心城市	国家中心城市	区域中心城市
等级	第一等级	第二等级	第三等级	第四等级
描述	世界最高发展水平的城市	洲际顶级城市	国家最高发展水平的城市	区域最高发展水平的城市
举例	伦敦、纽约、东京	香港、上海、北京等	广州、天津等	武汉、沈阳、成都、西安等
产业结构	金融服务业主导，几乎没有第一、二产业	生产性服务业主导，第一、二产业比重较小	生产性服务业和制造业主导，第一产业比重较小	制造业主导，生产性服务业占一定比重

2.4.2　重点城镇群的集聚中心和辐射中心

从全球各大城市的诞生与发展历程来看，任何城市的形成和发展都离不开其周边区域，世界城市也不例外。例如，纽约依托的是美国工商业最发达的东北部区域，伦敦依托的是英国面积最大、人口最多、经济最发达的英格兰区域，东京依托的是日本人口最密集、工业最发达的东海道区域，芝加哥依托的是北美最重要的制造业区域，这些区域都在全球经济中占据举足轻重的地位。国家中心城市的形成同样是建立在周边区域城镇群共同繁荣基础之上的，一个独立的城市不可能成为国家中心城市。北京、天津依托的是京津冀城镇群，上海依托的是长三角城镇群，广州依托的是珠三角城镇群，重庆依托的是成渝城镇群，上述城镇群也是我国目前最大的4个城镇群，见表2-4。

一方面，国家中心城市是区域经济社会网络的集结点和中间枢纽，对周边城镇群各种资源具有强大的吸引力，并通过乘数效应、极化效应来极化经济活动，实现强大的集聚功能。另一方面，国家中心城市基于其较强的经济、文化、科技、教育、人才等资源优势，通过经济辐射效应，向周边城镇群进行能量输出，将商品、技术、信息、人才、技术创新和先进的管理经验传递辐射到周边地区，通过其“正能量”携领整个区域经济发展。

表2-4 **中心城市与城镇群概况**

世界城市	依托城镇群	国家中心城市（中国）	依托城镇群
纽约	美国东北部大西洋沿岸城市群	北京	京津冀城镇群
伦敦	英格兰城市群	天津	京津冀城镇群
东京	日本太平洋沿岸城市群	上海	长三角城镇群
巴黎	欧洲西北部城市群	广州	珠三角城镇群
芝加哥	北美五大湖区城市群	重庆	成渝城镇群

2.4.3 国家的交通枢纽和交往中心

纵观伦敦、东京和纽约等世界城市，一般经历了四个发展历程：第一步，基于优越的地理位置、天然的港口，由航运向周边扩散，成为地区的交通枢纽和货物交易集散地，最终成为地区贸易中心；第二步，随着工业化到来，由于原料的可达性高和产品的销售面广，是制造业的首选之地，成为工业中心，逐渐产生集聚效应，与之配套的服务业也得以发展，成为国家级中心城市；第三步，生产产品出口国外，占领国际市场，国际贸易发达，成为国际贸易中心，国际影响力增强，成为洲际中心城市[41]；第四步，进入后工业化时代，现代服务业发展显著提高，金融市场开放，金融产业发展，成为跨国公司的首选之地、总部基地、现代服务业中心、国际金融中心，控制和影响世界经济的发展，最终得以成为世界城市[42]。

从上述世界城市发展历程来看，交通区位和对外贸易是国家中心城市产生的基础条件，工业和服务业的兴盛是国家中心城市产生的核心动力，如图2.2所示。

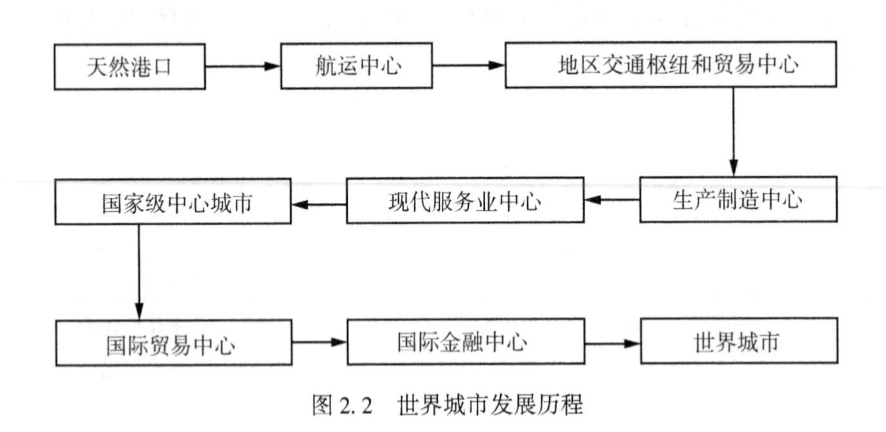

图2.2　世界城市发展历程

2.4.4　国家的科技创新中心、信息中心

世界城市是城市间动态竞争过程的一部分，而科技是世界城市竞争的核心。每一次新技术革命都会引发主导产业的更替，推动一些在科技革命中抢占先机的国家和城市快速发展，成为引领世界经济发展的龙头，而这些国家规模最大、实力最强的城市，将发展成为具有全球影响力的世界城市[43]。迄今为止，人类历史上经历的三次工业革命都诞生了不同时代、不同地区的世界城市。第一次工业革命(蒸汽机革命)使伦敦成为人类历史上第一座世界城市，第二次和第三次工业革命(内燃机和电力技术革命)造就了纽约这个世界城市，第四次工业革命(信息技术革命)造就了东京这个世界城市。同时，随着科技革命的深入发展，一些原来的世界城市未能抢占新一轮科技革命先机，从而影响到其

在全球范围内的影响力，被挤出世界城市之列。第五次工业(科技)革命(互联网技术)使得金融等现代服务业成为新的龙头产业，伦敦、纽约、东京在这一轮产业转型中把握住了新的经济特点[44]，以知识信息为建设中心，进一步巩固了自己的世界城市地位，而以电子信息为主体产业的硅谷、波士顿迅速崛起，成为国家中心城市，见表2-5所示。

表2-5　　近代世界技术革命历程

阶段	时间	革命性技术	主导产业	世界经济重心	世界城市
第一阶段	1782—1845年	瓦特改进蒸汽机，卡特赖特发明动力织机，斯蒂文森发明蒸汽机车	纺织、采煤	英国	伦敦
第二阶段	1845—1892年	本阶段发明了电，但尚未广泛使用。另外，钢铁冶炼方法取得不断突破，并推动铁路运输业的革命性发展	钢铁、运输	英国、美国	伦敦
第三阶段	1892—1948年	电的广泛应用，内燃机的发明，汽车的发明	电气机械、汽车、化学	美国、德国	纽约、伦敦
第四阶段	1948—1990年	电子计算机的发明	电子、航空航天、石油化学	美国、日本	纽约、伦敦、东京
第五阶段	1990年至今	互联网的发明及广泛运用	现代服务业、科技研发、电子信息	美国、英国、日本	纽约、伦敦、东京

科技是第一生产力，创新是城市发展的不竭动力，一个没有创新的城市不可能持久繁荣。可见，哪座城市能够掌握新一轮产业兴起的核心技术与创意环节，开发出新的具有竞争力的产品与服务模式，哪座城市

就能确立以及进一步保持其世界城市的地位与优势。作为国家中心城市，必须拥有强大的科技创新能力，才能推动自身经济不断发展、社会不断进步，才能在国家和全球范围内保持竞争力，走在世界城市体系前列。

2.4.5　建设落脚点是人文、宜居和绿色

国家中心城市的未来是世界城市，世界城市的未来是什么样子呢？这问题值得思考。清楚地认识世界城市的发展走向，有利于指导国家中心城市的建设，避免在建设国家中心城市中“走弯路”和“走错路”。本书力图总结未来世界城市的发展主题和方向，为国家中心城市的发展提供借鉴。

1995 年，伦敦公布《伦敦荣耀计划》，为确保伦敦的世界城市地位，其建设目标定为：强化经济增长和技术创新，打造世界级生产力；改善居住环境，形成强大的社会凝聚力；节约资源，建设高质量的基础服务设施和生活设施。

2000 年，东京公布《东京构想 2000》，将其发展目标定为：宜居东京。具体建设目标为高效的交通运输体系，快捷流畅的交流环境，舒适的人文环境，丰富的自然资源，对人才有很强的吸引力，社会充满机遇，健康的生活环境，可持续发展，产业发展活跃等。

2005 年公布的《纽约 2030》中，将“绿色”作为纽约的发展目标，希望通过环境保护、资源节约和低碳发展来实现，并提出了土地集约发展、水循环利用、空气净化、低碳交通、能源再生、气候改善 6 项实施措施。

2008 年，悉尼在其公布的《可持续发展的悉尼 2030 远景规划》中，将“可持续发展”作为城市的发展主题。并以此确定了城市三大发展方向：绿色、全球化、连接。希望通过产业绿色化和控制二氧化碳排放量来实现绿色发展，通过优化基础服务设施和公共服务设施来强化城市连接和沟通，通过技术创新和交通设施的建设实现全球化。

2010 年公布的《芝加哥 2040 规划》确定了 5 个发展主题，包括提升全球竞争力、建立宜居社区、营造健康的自然环境、保持多样性和建立协作的城市管治机制。

2014 年公布的《巴黎大区 2030 战略规划》设定了两大总体目标：提升居民的日常生活质量，加强巴黎大都市区功能。两大总目标再下分目标，并设定对应的指标要求，如“提升居民的日常生活质量”包括基础设施优化、自然与生活环境改善、政府管理效率提高等；“加强巴黎大都市区功能”包括增强经济活力、交通吸引力等。

2014 年公布的《东京都长期展望》提出八大目标：成功的 2020 奥运会，进化的基础设施，独有的待客之道，公共安全治安，环境支撑，国际领军城市，可持续发展城市，多摩地区及离岛。

2015 年公布的《纽约 2040》提出四个愿景：建设繁荣的城市、公平公正的城市、可持续发展的城市、弹性的城市。由这些指标可见，纽约市希望在城市未来的长期发展中保持经济繁荣的同时，建构更公平公正的社会，对全体市民的健康和幸福更加负责，提升可持续发展能力，以及更具有抵抗各种灾害和风险的弹性。

2016 年公布的《上海 2040》提出规划愿景为“卓越的全球城市，令人向往的创新之城、人文之城、生态之城”，并希望，在未来的上海，跑步的人可以有地方跑步，爱看戏的人有戏看，孩子们在社区里就可以安心地玩耍嬉闹。

纵观伦敦、东京、纽约、悉尼等世界城市的未来战略规划，虽然各有侧重，但都包含三个主题——人文发展、宜居城市和绿色发展，见表 2-6。人文、宜居和绿色是未来世界城市发展的主题，对于我国国家中心城市的建设具有重要的借鉴意义。城市作为人类集聚的主要空间，其发展归根结底是为人服务的，无论是金融、交通、科教，还是工业、服务业、贸易等，都是为创造更好的生存空间而发展的。城市的发展必须坚持以人为本，以人为本是所有城市建设的出发点，也是所有城市建设的落脚点，国家中心城市也不例外，必须创造丰富多彩的人文氛围、宜居的生活环境和绿色可持续的生存空间。

表 2-6　　　　世界城市远景规划分析

远景规划	时间	目标及愿景	关注点
《伦敦荣耀计划》	1995 年	打造世界级生产力；形成强大的社会凝聚力；建设高质量的基础服务设施和生活设施	经济、创新、宜居
《纽约 2030》	2005 年	土地集约发展、水循环利用、空气净化、低碳交通、能源再生、气候改善	绿色、气候
《悉尼 2030》	2008 年	绿色、全球化、连接	绿色、创新
《芝加哥 2040》	2010 年	提升全球竞争力、建立宜居社区、营造健康的自然环境、保持多样性和建立协作的城市管治机制	经济、宜居
《巴黎 2030》	2014 年	提升居民的日常生活质量，加强巴黎大都市区功能	宜居、经济
《东京都长期展望》	2014 年	成功的 2020 奥运会；进化的基础设施；独有的待客之道；公共安全治安；环境支撑；国际领军城市；可持续发展城市；多摩地区及离岛	宜居、人文、绿色
《纽约 2040》	2015 年	建设繁荣的城市、公平公正的城市、可持续发展的城市、弹性的城市	经济、宜居、绿色
《上海 2040》	2016 年	卓越的全球城市，令人向往的创新之城、人文之城、生态之城	经济、人文、绿色

2.5　国家中心城市的职能体系

国家中心城市的职能包括基础职能、成长职能和目标职能三个层面，如图 2.3 所示。基础职能是国家中心城市内涵与功能的体现，包括经济中心、集聚中心、辐射中心和交往中心四个方面。成长职能是国家中心城市潜力和竞争力的体现，包括创新中心和信息中心两个方面。目标职能是未来城市发展方向的体现，包括人文中心、宜居中心和绿色中心三个方面。

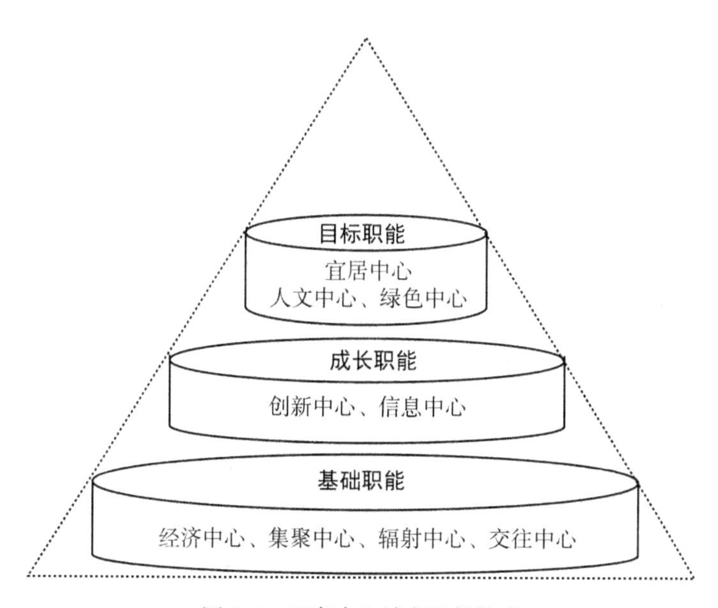

图 2.3　国家中心城市职能构成

2.5.1　基础职能

国家中心城市的基础职能是国家中心城市参与全球经济建设和引领区域经济发展必须具备的职能，包括经济中心、集聚中心、辐射中心和交往中心四个方面。

国家中心城市是国家或大区域的经济中心。国家中心城市的 GDP 远超过一般城市，在国家或区域中占很大比例。国家中心城市是各种经济能量的聚合体，包括商业中心、贸易中心、金融中心、制造业中心等，城市高度职能化，是区域经济发展的核心和龙头，并代表区域或国家参与全球经济建设。

国家中心城市是国家或大区域的集聚中心。国家中心城市对资源、要素和各种经济活动具有强大的吸引力。首先，国家中心城市对人口有强大的吸附能力，包括国内外的各种人才和劳动力，为城市分工和专业化提供丰富的劳动力资源。其次，国家中心城市对跨国公司总部、国家大型企业有强大的吸引力，并形成规模效应。

国家中心城市是国家或大区域的辐射中心。国家中心城市在吸纳国家资源进行自身发展的同时，应该组织协调区域经济活动，为区域提供产品、服务和市场等，带动周边地区乃至全国发展。

国家中心城市是国家或大区域的交往中心。国家中心城市应当具有大型的国际交通枢纽和国际交往能力，同时也应该是区域或国家的交通枢纽，对于人流、物流和信息流有强大的吞吐和消化能力，使其成为国内外交流的平台和窗口。

2.5.2　成长职能

国家中心城市的职能除了上述四项基本职能外，还应具备自身的成长职能。成长职能是国家中心城市的潜力和竞争力的体现，用来反映国家中心城市的发展潜力。国家中心城市的成长职能包括创新中心和信息中心两个方面。

国家中心城市是科技创新中心。科技是第一生产力，创新是城市发展的不竭动力，一个没有创新的城市不可能持久繁荣。作为国家中心城市，必须拥有强大的科技创新能力，才能推动自身经济不断发展、社会不断进步，才能在国家和全球范围内保持竞争力，走在世界城市体系的前列。国家中心城市一般都拥有众多高校和科研机构，有充足的资源和资金创造新技术、开发新产品、引领新潮流。科技创新能力可以增强城市活力，延续城市生命力，是国家中心城市必须具备的职能。

国家中心城市应该成为信息中心。国家中心城市应该是一个智能的城市，城市各职能部门通过互联网、移动网络组成一个有机的整体，信息能够得到快速的创建、安全的传播和广泛的交流，城市的生产效率会产生质的飞跃。另外，国家中心城市应能通过信息网络体现其对经济、政治、文化等的控制力。

2.5.3 目标职能

目标职能主要是对未来世界城市的展望，体现未来城市发展的方向和重点。作为国家中心城市，必须走在城市发展的前列，尽早规划未来发展方向，确定目标职能。国家中心城市的目标职能包括人文中心、宜居中心和绿色中心三个方面。

国家中心城市应该成为人文中心。城市人文环境是城市个性的集中体现，良好的城市人文环境可以吸引投资、提高资本运作效率，更重要的是，能创造出巨大的精神价值——提升市民素质，凝聚人心，创造城市精神，促进城市发展。国家中心城市应该是一个充满人文关怀、彰显文明风采、富有文化魅力的城市，应拥有良好的社会秩序、道德风尚、文化底蕴和娱乐功能等，从而成为地区或者国家的名片。

国家中心城市应该成为宜居城市。国家中心城市必须是能够满足居民物质和精神生活需求，适宜人类工作和居住的城市。良好的居住环境、优越的基础服务设施、高质量的公共服务水平、充满机遇的就业环境，是国家中心城市未来必须具备的"素质"。

国家中心城市应该成为绿色中心。国家中心城市在引领经济发展的同时，更应该注重可持续发展，强调低碳经济、绿色发展。国家中心城市应在节能减排、污染治理、经济转型等方面做出示范，带动其他城市走可持续发展之路。

第3章　国家中心城市职能评价体系

3.1　评价体系构建原则

借鉴相关方面的研究成果，国家中心城市评价体系的构建必须遵循以下原则：

3.1.1　科学性原则

所选的指标必须定义明确、测算方法标准、统计方法规范，能科学地反映城市某一方面的发展情况。

3.1.2　实用性原则

整个评价体系应具有较强的操作性和实用性。评价体系中的每项指标数据必须具有可获取性、真实性和可比性。指标数据必须是城市的官方数据，能够真实地反映城市的发展现状，并且比较容易获取。同时，在指标的选取上应选取重要的代表性指标，避免评价体系重复冗余。

3.1.3　系统性原则

评价体系必须是一个有机整体，指标体系应该有一个清晰合理的结构，能够在不同层次、不同级别上反映城市的属性。评价体系的各指标相互补充、相互协调，且相互保持独立、不产生冲突，全面系统地反映城市的发展状况。

3.2 评价要素选择

评价要素包括三个层面：维度层、领域层、指标层。维度层包括基础职能、成长职能和目标职能三层，反映城市的现状、建设过程和终极状态；领域层包括人文、绿色、经济、辐射、集聚、交往、创新、信息化、宜居水平 9 类，代表维度层的评价重点；指标层包括 GDP、就业人口、专利数等 39 个指标，是用于实际评价和比较的代表性元素。

3.2.1 经济发展水平

经济发展水平是指一个国家/地区经济发展的规模、速度和所达到的水准。对一个国家或地区经济发展的水平，可以从其规模(存量)和速度(增量)两个方面来进行测量。

经济规模是指在特定时间范围里能够生产出来的财富总量，包括从基本的生活用品到复杂的生产资料，再到各种文化和精神产品等财富的总量。在对经济规模的测量中，最常用的指标是"国内生产总值"(GDP)，它综合性地代表了一个国家或地区在一定时期内所生产的财富(物品和服务)的总和[45]。对经济规模的测量，又分为对绝对规模和相对规模的测量。绝对规模只是测量一个国家或地区在特定时期内的 GDP 总量，而相对规模指标则要关心一个国家的人口(或劳动力数量)与其 GDP 总量之间的关系。

在经济规模方面，相关的评价因子有 GDP、人均 GDP、地均 GDP、地方财政收入等；在经济发展速度方面，最常用的评价因子是 GDP 年增长率。

3.2.2 集聚能力

集聚是指资源、要素和各种经济活动在地理空间上的集中趋势和过程。通过经济活动的空间集聚形成巨大的经济效应和向心力，是决定城市形成、扩张和规模的最根本动力[46]。

集聚分为人口集聚和产业集聚。人口集聚是指人口由广域空间向狭域空间集中的过程，为城市分工和专业化提供丰富的劳动力资源。产业集聚是指某些产业在特定地域范围内的集聚现象，为生产或销售节约成本，并形成规模效应。

本书提出的“城市集聚能力”，是指城市对人口和产业的吸引能力，是城市发展和城市化的根本动力。城市集聚能力越强，说明城市发展动力越足，城市发展潜力越大。在城市集聚能力评价中，选取总人口、就业人口、常住外来人口等作为人口集聚能力的评价因子，选取外资企业、中国国企数量作为产业集聚能力的评价因子。

3.2.3　辐射能力

城市辐射力是指城市利用自身在经济、社会、政治、文化和科技等方面的优势为区域提供“正能量”，协助和引导区域发展的能力。其中，经济辐射力是城市辐射力的核心，表现为城市为周边区域提供服务、产品、资金、技术和市场，为周边区域经济发展提供强大的支持和带动[47]。城市辐射力越强，说明城市组织协调区域经济活动能力越强，城市带动腹地发展能力越强。

城市辐射力可以简单地以城市外向功能量来衡量，即城市在满足自身需求的前提下，为周边地区提供的服务量。因此，在本书评价体系中，采用城市出口总额、城市外向功能量作为城市辐射力的评价因子。

3.2.4　交往能力

交往，是指城市与其他城市及地区在经济、社会、政治、文化、科技等方面的交流过程，包含人流、物流、信息流、资金流的交往。交往能力反映城市参与区域发展的积极性和能动性，交往能力越强，说明城市参与经济建设的积极性越高，城市组织协调区域发展的能动性越强，该城市在地区或全球发挥重要作用。

现代城市是人流、物流、信息流、资金流的枢纽或节点，城市的交往能力大小正是由人流、物流、信息流、资金流来体现的[48]。因此，在本书评价体系中，选取交通枢纽货邮吞吐量、交通枢纽旅客吞吐量作为城市交往能力的评价因子。

3.2.5 科技创新能力

科技创新能力是城市科技总量、实力以及科技水平与潜力的综合体现[49]。科学技术是第一生产力，科技的发展在城市竞争中具有决定性作用。

城市科技竞争力主要受三方面的因素影响：一是科技储备，即为研究开发、技术创新提供的后备人才和完善的技术基础设施；二是科技投入，即科研与科技实践的资金投入，为科技活动提供物质性保障；三是科技产出，科技活动的结果，这些结果必须是促进社会、经济向前发展的。

因此，在城市科技创新能力评价中，选取在读研究生数量、科研机构数量作为科技储备的评价因子，选取科研经费支出总额作为科技投入的评价因子，选取发明专利授权量、科技论文数作为科技产出的评价因子。

3.2.6 信息化水平

城市信息化是以城市为主体，在政治、经济、文化、科技、教育和社会生活各个领域广泛应用现代信息技术的过程。信息化能够大幅提高城市的生产效率和管理水平，为城市提供一个智慧的平台，使得城市在未来的发展中更具竞争力[50]。

信息化水平是对城市信息化发展程度的定量描述，它从数量上反映城市的信息环境、信息化现有水平、信息发展潜力，揭示社会信息化发展的一些基本规律[51]。

3.2.7　人文环境

人文环境是指由人类各种文化活动所形成的物质和精神境况，体现了人们对生活环境的文化衡量，是特指打上文化烙印、渗透人文精神的生活环境[52]。它包含三个层次：物质形态、管理形态、精神形态。物质形态在城市中的具体表现形式为生产生活设施、文化休闲设施，人文环境中的管理形态则体现在城市交通、城市安全、社会秩序等管理工作中，而精神形态则表现为市民思想观念、受教育水平、价值取向等意识领域。

城市人文环境的形成与城市所处地理位置，气候特点紧密相关，也受到城市历史发展状况的影响和现代城市发展水平的制约，是天、地、人综合作用的结果，因此，每个城市的人文环境都是独一无二的[53]。

城市人文环境是城市个性的集中体现，是城市建设的重要组成部分。城市人文环境的物质构建是有价的，但其创造的精神却是无价的。良好的城市人文环境可以吸引投资、提高资本运作效率，更重要的是能创造出巨大的精神价值——提升市民素质，凝聚人心，创造城市精神，促进城市发展。

因此，基于人文环境的三个内涵层次，在城市人文发展水平的评价中，选取接受高等教育人数比作为精神形态的评价因子，选取文化产业GDP、医疗床位数作为管理形态的评价因子，选取公共图书馆藏书量、期刊出版量作为物质形态的评价因子。

3.2.8　宜居水平

城市作为人类集聚的中心，其发展不在于规模大小，而在于满足人类的需求。城市功能完善，居民生活安全、健康、舒适，是城市发展的最高追求和终极目标。宜居城市包含以下特征：人民安居乐业，社会和谐稳定，文化丰富多彩，生活舒适便捷，环境优美怡人[54]。

因此，从居住、就业、收入和出行四个方面对城市宜居水平进行评价。选取居民平均预期寿命、人均居住面积作为居住环境的评价因子，选取失业率作为就业的评价因子，选取人均可支配收入作为收入的评价因子，选取公共交通里程作为出行的评价因子。

3.2.9 绿色建设水平

1987年，世界环境与发展委员会出版《我们共同的未来》中首次提出，人类必须走可持续发展道路。可持续发展是既满足当代人的需求，又不能“透支消费”“竭泽而渔”，损害后代人的发展需求。可持续发展要求人类在保护环境、资源不竭的前提下发展社会和经济。

早在1929年，莫斯科提出了“绿色城市”的概念。弗里德曼(1995)认为，绿色城市是一个城市森林，其中拥有新鲜的空气、便利的交通网络，是一个休闲度假以及旅游观光的胜地，既是用于工作的城市，又是用于休息的城市。随着时代的发展，人们对于“绿色城市”的理解也进一步深化，不再是强调单纯的城市环境，而是以系统生态的观点，将城市看做一个人与城市共生的完整生态系统[55]。

绿色象征着生命力，“绿色”象征着“可持续发展”，城市绿色建设本质上就是维护人与城市的完整生态系统，通过绿色环境保护和培育、资源节约利用实现城市与人的可持续发展[56]。绿色城市是未来城市的发展方向和必经之路。

基于可持续发展和系统生态的理念，将城市绿色建设分解为资源节约利用和环境保护培育两个维度。

资源节约利用是指对自然资源和社会资源的高效利用，最大限度减少资源消耗。如土地、水、森林、矿产等资源的人均消耗以及林业、渔业的资源收益等，都可反映城市的资源节约利用情况。在本书中，选取人均用水量、人均用电量、城市建成区人均用地面积等作为其评价因子。

环境保护培育是指人类为解决现实的或潜在的环境问题，协调人类与环境的关系，保障经济社会的持续发展而采取的各种行动的总称。在城市建设中，环境保护培育主要体现在对“三废”的控制管理和对植被的保护和培育上。在本书中，选取“三废”排放量、人均公共绿地作为其评价因子。

3.3 评价体系构成

本书建立由“基础职能”“成长职能”和“目标职能”组成的三维度国家中心城市职能评价体系见表 3-1。

“基础职能”主要反映当前理论界关于国家中心城市内涵与核心功能的认识，属于识别性指标，用于评价发展现状；“成长职能”主要反映城市建设国家中心城市的潜力和竞争力，属于路径性指标，用于评价发展潜力、指引发展路径；“目标职能”主要反映未来城市发展的方向和重点，属于展望性指标，用于评价未来城市特色。

表 3-1　　国家中心城市职能评价体系

维度层	领域层	指标层
基础职能	经济发展中心	GDP(亿元)
		人均 GDP(万元)
		地方财政收入(亿元)
		GDP 增长率(%)
	集聚中心	户籍人口(万人)
		就业人口(万人)
		常住外来人口(万人)
		外资企业数量(个)
		国企数量(个)
		实际利用外资(亿美元)
	辐射中心	社会消费品零售总额(亿元)
		城市外向功能量(万人)
		出口总额(亿美元)
	交往中心	货运量(万吨)
		客运量(万人)

续表

维度层	领域层	指标层
成长职能	科技创新中心	在读研究生数量(万人)
		科研机构数量(个)
		科研经费支出总额(亿元)
		发明专利授权量(个)
		科技论文数(篇)
	信息中心	宽带用户(万户)
		人均移动电话数(个/人)
目标职能	宜居中心	居民平均预期寿命
		人均住房面积(平方米)
		失业率(%)
		年人均可支配收入(元)
		公共交通里程(千米)
	人文中心	接受高等教育人数(万人)
		文化产业 GDP(亿元)
		医疗床位数(张)
		公共图书馆藏书量(万册)
		期刊出版量(亿册)
	绿色中心	年人均用水量(立方米)
		年人均用电量(千瓦时)
		城市建成区人均占有量(平方米)
		工业废水排放量(亿吨)
		工业烟尘排放量(万吨)
		工业废物排放量(万吨)
		人均公共绿地面积(平方米)

3.4 评价方法选择

对于建设国家中心城市的综合评价将采用层次分析法。层次分析法是一种实用、科学和系统的多因子评价方法，它把一个复杂问题分解为多个层次，通过逐层的递阶分析得到各因子对于总目标的影响力(权重)。这种方法特别适用于综合性评价与决策分析。

运用层次分析法对国家中心城市职能体系各评价因子赋予权重，将城市综合职能作为判断矩阵的决策目标，基础职能、成长职能和目标职能作为子目标层，经济中心、集聚中心、辐射中心、交往中心、科技创新中心、信息中心、宜居中心、人文中心和绿色中心作为中间层要素，将 GDP、人均 GDP 等 39 个评价因子作为备选方案，构建判断矩阵，如图 3.1 所示。最后根据专家打分给出最终权重[57]。

在数据评价之前，由于各因子单位不统一，各因子直接相加没有意义，本书将数据标准化处理，选用应用“临界值法”方法进行无量纲化处理，其公式为

$$\text{无量纲化值}=\frac{\text{原数据}-\text{极小值}}{\text{极大值}-\text{极小值}}$$

在本书评价体系中，有部分因子属于逆指标，需将其负指标化，这些指标包括失业率、年人均用水量、年人均用电量、城市建成区人均占有量、工业废水排放量、工业烟尘排放量、工业废物排放量 7 个因子。最后，通过“最小-最大标准化”得到无量纲化数据。

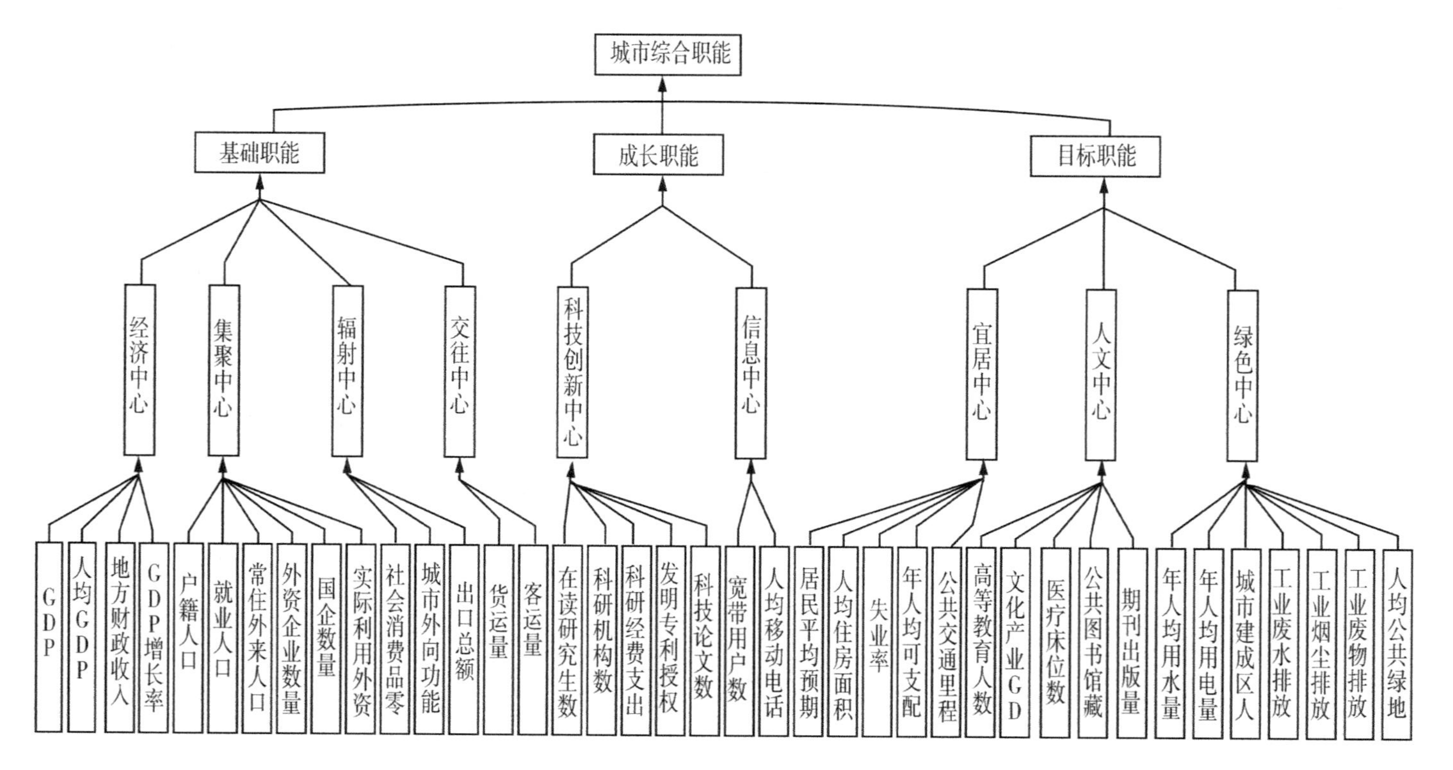

图3.1 国家中心城市职能评价判断矩阵

第4章　武汉建设国家中心城市的核心职能研究

国家中心城市的内涵丰富，建设国家中心城市是武汉在历史、现实与未来基础上的完善和提升[22]。在这一目标下，武汉建设国家中心城市的核心职能既要来源于历史，立足于国家中心城市的应有职能，也要尊重客观现实，明确自身发展的优劣势，同时还需要一定的超越，真正承担起“面向世界，服务全国”的责任。

4.1　多城市职能评价及分析

2010年2月，中华人民共和国住房和城乡建设部城镇体系规划课题组所编制的《全国城镇体系规划(2010—2020年)(草案)》将北京市、天津市、上海市和广州市四大外向型全球职能城市，在国内确定为国家中心城市，将重庆市由区域中心城市提升至国家中心城市，并将原先的省区级的区域概念的范围扩大，确定中国的区域中心城市为沈阳(东北地区)、南京(华东地区)、武汉(华中地区)、深圳(华南地区)、成都(西南地区)和西安(西北地区)。

武汉应以国家中心城市为标准，为建设国家中心城市提供方向；以区域中心城市为竞争对手，为建设国家中心城市提供发展路径。运用前文所述国家中心城市职能评价体系，选取我国现有的5个国家中心城市(北京、上海、天津、广州、重庆)和6个区域中心城市(武汉、沈阳、南京、成都、西安、深圳)，共计11个国家主要城市(图4.1)，进行评价，以武汉为基准点，对评价结果进行系统比较分析，得出武汉在国家层面上的发展优劣势、发展潜力和发展机遇，为武汉建设国家中心城市的核心职能选择提供数据支撑和科学指引(本次评价基础数据均来源于各城市 2012 年统计年鉴和各城市 2011 年国民经济发展和社会统计公告)。重在研究 2011 年武汉与其他 10 个城市的发展优劣势，虽然数据已不能反映目前的各城市发展态势，但是此评价体系和方法仍值得借鉴。

4.1.1 基础职能比较分析

国家中心城市的基础职能主要反映当前理论界对于国家中心城市的内涵和核心特征的共同理解，包括经济发展中心、集聚中心、辐射中心和交往中心四个方面。

4.1.1.1 经济发展水平比较分析

下面通过从经济总量和经济增长速度两个方面来比较分析 5 个国家中心城市和 6 个区域中心城市的经济发展水平(表 4-1)，来判断武汉的经济发展水平。

表 4-1 **2011 年中国主要中心城市经济指标概况一览表**

领域层	指标层	因子层	武汉	北京	上海	广州	天津	重庆	沈阳	南京	成都	西安	深圳
经济发展中心	经济总量	GDP(亿元)	6700	16200	19200	12400	11300	10000	5900	6100	6800	3860	11500
		人均 GDP(万元)	8.1	12.8	13.5	15.3	11.3	3.0	8.2	9.5	5.9	13.8	11
		财政收入(亿元)	1200	3000	3400	980	1450	1490	960	640	2270	650	1340
	经济增长	GDP 增长率(%)	12	8.1	8.2	12.8	16.4	16.4	12.3	12	15	13.8	10

1. 经济总量比较分析

从2011年GDP总量来看(图4.1)，目前武汉与5个国家中心城市相差甚大，5个国家中心城市GDP均突破10000亿元，武汉GDP为6700亿元，其GDP约占上海(GDP最大的国家中心城市)的三分之一，约占重庆(GDP最小的国家中心城市)的三分之二。

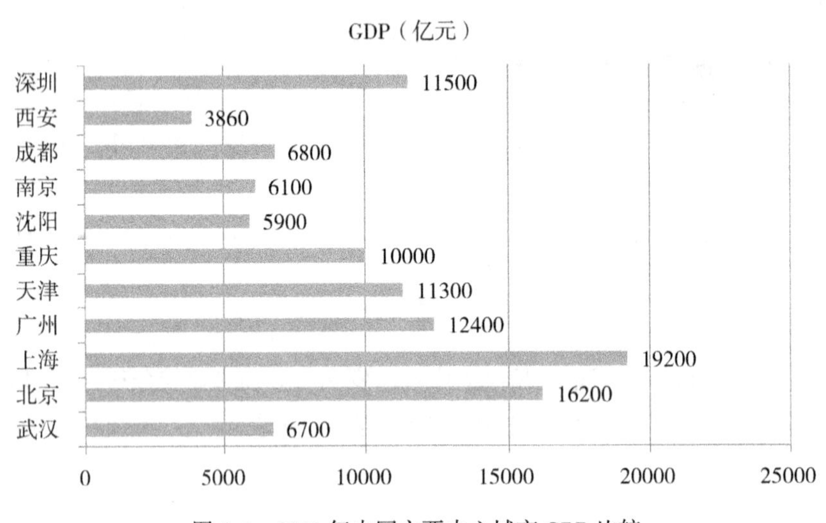

图4.1 2011年中国主要中心城市GDP比较

在6个区域中心城市中，武汉发展较为靠前，排在第三位，仅次于深圳和成都。其中，深圳GDP已经达到国家中心城市水平(甚至超过了重庆和天津)，但其仍没有被确定为国家中心城市，说明国家中心城市的评定不是仅限于GDP的多少，而是综合考虑多方面的因素。除深圳经济发展一马当先之外，成都、武汉、南京、沈阳四个城市经济发展差别不大，可谓齐头并进之势。

从2011年人均GDP来看(图4.2)，国家中心城市的人均GDP都超过8万元(重庆人口基数太大)。区域中心城市中，深圳人均GDP达到11万元，领先于所有城市，说明深圳经济发展水平高，市民所从事工作附加值普遍高于其他城市。南京、沈阳人均GDP则处在同一区间，与国家中心城市差别较小。

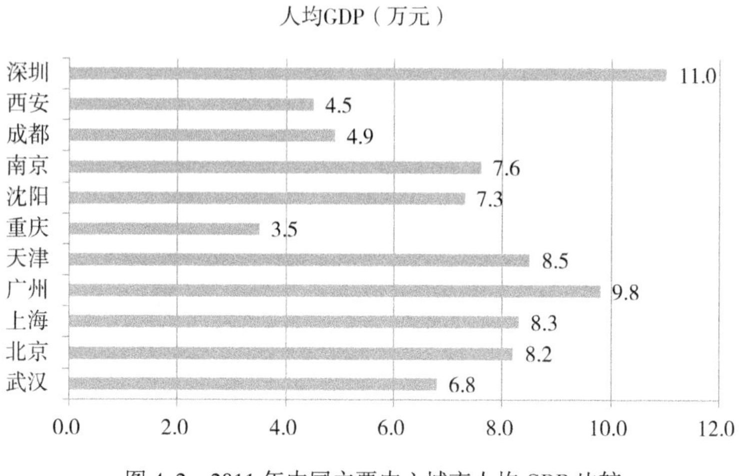

图 4.2　2011 年中国主要中心城市人均 GDP 比较

武汉人均 GDP 虽然大幅领先于西安、成都，但是距离国家中心城市还有一段距离，说明其产业附加值、劳动生产率还有提升空间，必须通过产业结构调整和产业效率提升来加强经济建设。

从 2011 年各城市地方财政收入来看(图 4.3)，国家中心城市中，上海、北京处于领先地位，大幅领先于重庆、天津和广州。广州地方财政收入较低与其城市企业类型有关，国企和进出口贸易较多，其财政收入多被纳入中央财政收入。

在地区中心城市中，深圳仍然一马当先，其地方财政收入达到国家中心城市水平(甚至超过)，武汉处于第二位，西安、成都、南京和沈阳四个城市地方财政收入较低。

武汉 2011 年地方财政收入接近国家中心城市水平，大幅领先于西安、成都、南京和沈阳四个区域中心城市。地方财政收入主要来自于企业所得税和个人所得税，这说明武汉市企业发展良好，企业利润较高。得益于武汉市的地方财政高收入，武汉市城市公共事业建设也得到了强有力的保障。

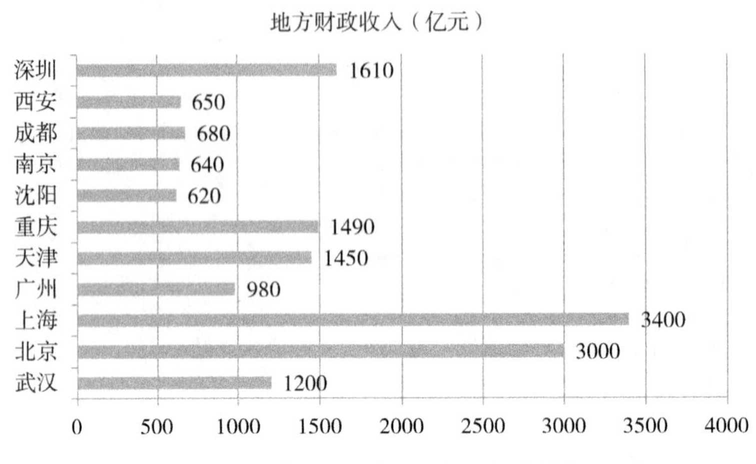

图 4. 3　2011 年中国主要中心城市地方财政收入比较

综上所述，武汉经济总量与国家中心城市还有一段距离，同时与其他几个区域中心城市差别不大。武汉想在区域中心城市中脱颖而出，走向国家中心城市，必须强化经济发展，壮大优势产业，培养新兴战略产业。当然，一味地追求经济发展，也不足以成为国家中心城市，还需多方面的全方位发展。

2. 经济增长速度比较分析。

从 2011 年各城市 GDP 增长率来看(图 4. 4)，5 个国家中心城市中，上海和北京经济增长已经回归国家平均水平；重庆和天津则得益于新的国家战略，处于高速发展中；广州经济增长速度有所放缓。从上述数据可以看出，国家中心城市的发展存在三个阶段：高速增长期、快速增长期和平稳增长期。一旦某个城市被确定为国家中心城市，其经济会因国家战略而高速发展，随着对国家战略的不断消化和吸收，经济总量的不断增大，经济增长速度有所回落，进入快速发展期，最终回归到符合市场经济规律的平稳增长期。

在地区中心城市中，成都和西安经济增长速度处于领先地位，武

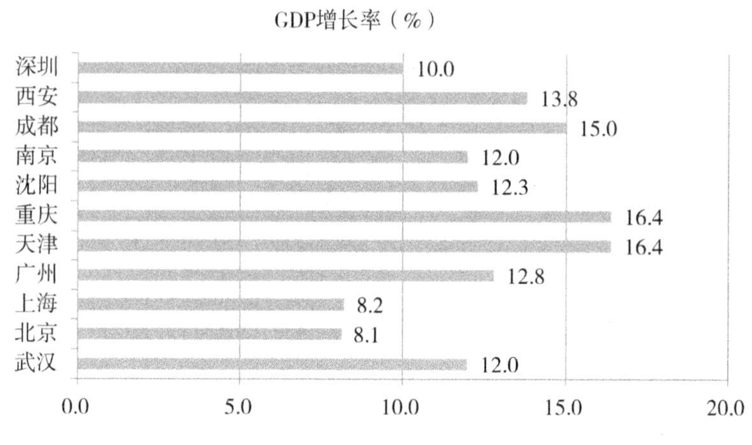

图 4.4 2011 年中国主要中心城市 GDP 增长率比较

汉、南京、沈阳紧随其后，深圳由于其经济特区的背景，经济增长则逐渐回落到国家平均水平。

武汉市 2011 年 GDP 增长在中国主要城市中处于中等水平，目前处于 GDP 快速增长期，但增长速度还有提升空间。要想在区域中心城市竞争中胜出，则必须争取纳入到国家战略，带动城市经济高速增长，从而向国家中心城市迈进。

4.1.1.2 集聚能力比较分析

下面通过从人口集聚和经济集聚两个方面来比较分析 5 个国家中心城市和 6 个区域中心城市的经济发展水平(表 4-2)，从而判断武汉的集聚水平。

1. 人口集聚比较分析

从 2011 年各城市户籍人口数来看(图 4.5)，在国家中心城市中，重庆由于其特殊的行政编制，户籍人口远远多于其他城市。天津、上海、北京三个城市户籍人口均突破 1000 万人，广州户籍人口为 810 万人。在中国城市化的过程中，大城市特别是国家中心城市，对人口有巨大的吸引力，人口在不断地向其聚集。

表 4-2　　**2011 年中国主要中心城市集聚指标一览表**

领域层	指标层	因子层	武汉	北京	上海	广州	天津	重庆	沈阳	南京	成都	西安	深圳
集聚中心	人口集聚	户籍人口（万人）	830	1270	1420	810	1000	3330	720	640	1160	790	270
		就业人口（万人）	500	1070	870	740	760	1600	420	470	770	500	760
		常住外来人口(万人)	170	740	940	470	360	350	100	170	630	60	780
	经济集聚	外资企业数量	5973	4191	4329	10434	6000	5273	4300	2972	300	900	36100
		国企(央企)数量(个)	88	780	806	484	554	458	208	184	84	196	790
		实际利用外资(亿美元)	38	70	126	44	132	106	55	36	66	20	46

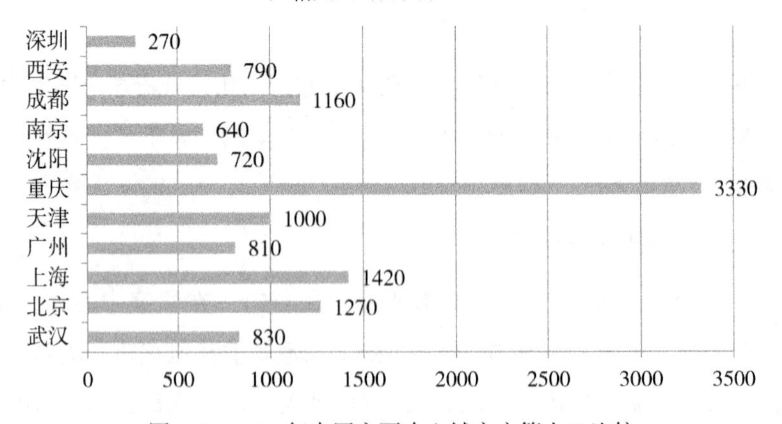

图 4.5　2011 年中国主要中心城市户籍人口比较

在区域中心城市中，成都户籍人口最多，这与其城乡一体化的政策有关；武汉、西安、南京、沈阳则相差不大，都是各自地区的特大城市，聚集了大量的人口；深圳经改革开放，由一个小渔村发展至今，其人口主要为流动人口，户籍人口并不多。

武汉 2011 年户籍人口为 830 万人，甚至超过了广州，在区域中心城市中排在第二位，众多的人口为城市分工和专业化提供了丰富的劳动力资源。科学是生产力，人口也是生产力，人口聚集的相对优势为武汉带来了发展潜力。

从 2011 年各城市就业人口数来看(图 4.6)，国家中心城市的就业人口处于全国领先水平，为社会提供了大量的工作岗位。重庆由于其巨大的人口基数，仍然排在首位，拥有 1600 万就业人口；北京就业人口超过 1000 万人；上海、广州和天津就业人口相差不大，均超过 700 万人。

在区域中心城市中，深圳和成都均达到国家中心城市水平，武汉、西安、沈阳和南京则相差不多，各自提供约 500 万个工作岗位。

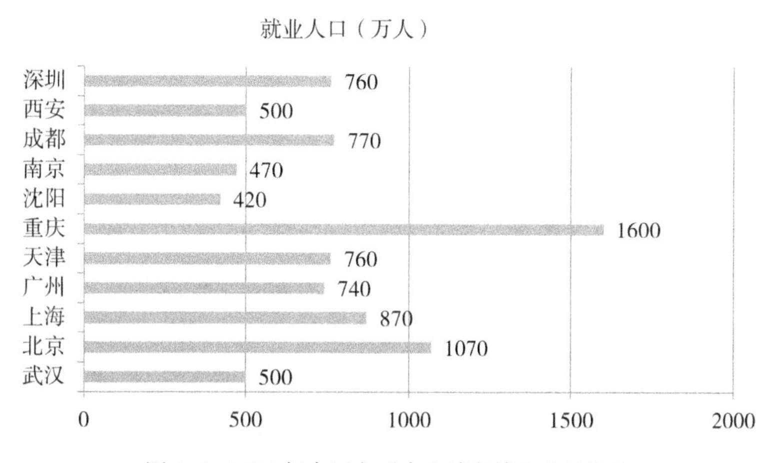

图 4.6　2011 年中国主要中心城市就业人口比较

武汉在就业岗位供给方面，与国家中心城市有很大差距，在区域中心城市中也处于落后位置，这说明武汉的人口聚集能力相对不足。武汉应加强招商引资，增加就业岗位供给，积极吸引劳动力资源。

从 2011 年各城市常住外来人口数来看(图 4.7)，上海、北京、深圳对外地人口具有极大的吸引力，常驻外来人口都超过 700 万人，成都紧随其后，广州、天津和重庆居中，武汉、南京、沈阳和西安常住外来人口最少。

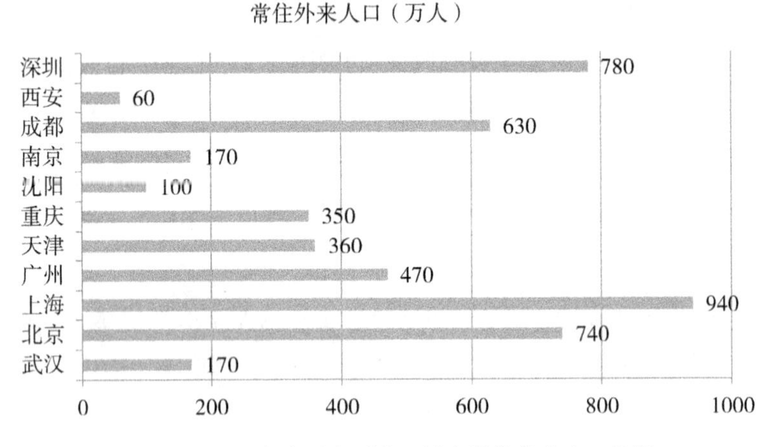

图 4.7　2011 年中国主要中心城市常住外来人口比较

国家中心城市作为国家经济发展引擎，拥有巨大的就业空间，在满足本地居民就业的同时，能为外地人口提供就业岗位，从而吸引大批外来人口。区域中心城市则稍显不足，其就业空间多为“自给自足”，目前只能满足本地居民的工作需求，而不能有效地带动外地人口就业。

武汉作为中部中心城市，常住外来人口为 170 万人，与国家中心城市、部分区域中心城市相比有较大差距，说明武汉目前集聚能力有限，仍然处在“自给自足”的发展阶段，还没有较多就业资源满足中部地区人口工作需求。

综上所述，武汉市目前拥有的相对较多的本地劳动力资源，但在对外人口吸引力上不足，城市所能提供的就业岗位有限，与国家中心城市和部分区域中心城市存在较大差距，人口集聚职能不明显。

2. 经济集聚比较分析

从2011年各城市外资企业数来看(图4.8)，深圳作为改革开放的先锋，最早对外开放，其外资企业数量远远超过其他城市，外资企业数量排名第二的是通商口岸广州，武汉、重庆和天津外资企业数量紧随其后。在5个国家中心城市中，北京和上海外资企业数量最少。上述分布情况说明外资企业在华投资的有两大前提，第一是对外开放程度高，第二是劳动力成本低。深圳和广州因为其对外开放程度高和拥有良好的通商口岸，拥有众多的外资企业；北京和上海由于其较高的劳动力成本，使得外资企业纷纷内迁至其他腹地城市。

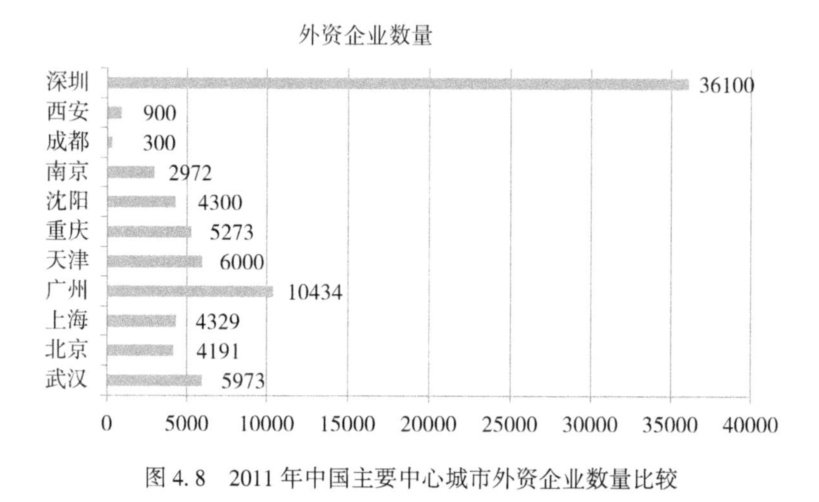

图4.8　2011年中国主要中心城市外资企业数量比较

武汉市外资企业数量达到国家中心城市水平，在区域中心城市中也处于领先地位，说明其对外资有强大的吸引力。究其原因，武汉有三个相对优势。首先是武汉素有“九省通衢”之称，虽然位于内陆地区，但拥有极佳的对外交通条件，水陆空皆便利。其次是武汉拥有丰富的人力资源和优质的教育资源，相对于国家中心城市，在满足外资企业劳动需求的同时，其劳动力成本更低。再次是武汉现有三大国家级经济开发区，在招商引资上拥有较大的政策优惠和土地空间。

如图4.9所示，从2011年各城市国企数量来看，国家中心城市在国企拥有量上具有绝对优势(深圳除外)，上海和北京均有约800家国企，重庆、广州和深圳也都超过450家。在6个区域中心城市中，深圳国企数量达到国家中心城市水平，而其他5个城市国企数量不到国家中心城市的一半。国企是国内企业的龙头，控制着国内经济命脉。目前大部分国企分布于国家中心城市，说明国家中心城市对国内经济具有很强的控制作用。国企的选址很大程度上是国家计划经济的产物，可以认为是国家的战略选择。拥有良好经济基础、基础设施和丰富资源的城市成为国企的首选。北京、上海、天津、广州和重庆经济发展一直走在国家的前列，拥有坚实的经济基础和良好的基础设施，对众多国企有先天的吸引力。

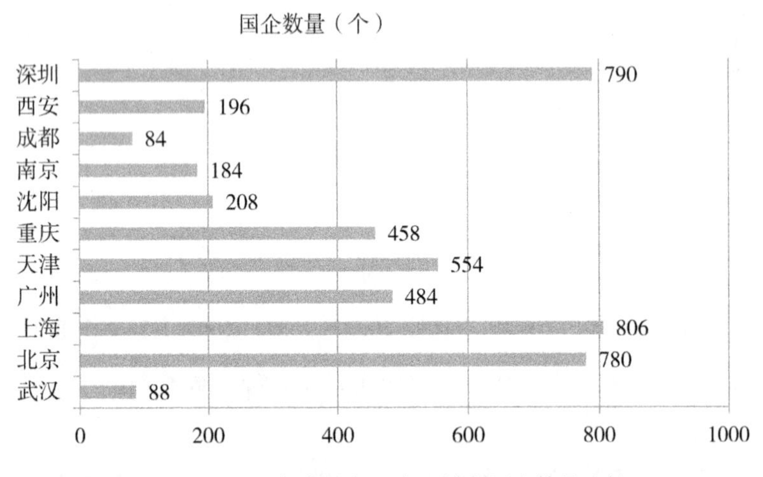

图4.9　2011年中国主要中心城市国企数量比较

武汉在国企拥有量上，与国家中心城市有巨大差距，在区域中心城市中也处于落后位置，说明对国企吸引力严重不足。武汉在中华人民共和国成立初期，依靠良好的经济基础和基础设施吸引了众多国企，处于全国领先水平，但在后期的发展中，逐渐失去对国内经济主体的吸引力。在新时期，武汉可以充分利用自身的优质教育资源、人力资源和交通设施，积极争取国企和大型企业的入驻。

如图 4.10 所示，从 2011 年各城市实际利用外资情况来看，国家中心城市吸引外资仍然处于全国领先地位，上海、天津和重庆实际利用外资占全国总量的份额均超过 10%，它们是外商目前在中国的主要投资地区。各地区中心城市也正在积极吸引外资，成都目前对外资的吸引力最大，其次是沈阳、深圳，武汉、南京和西安。

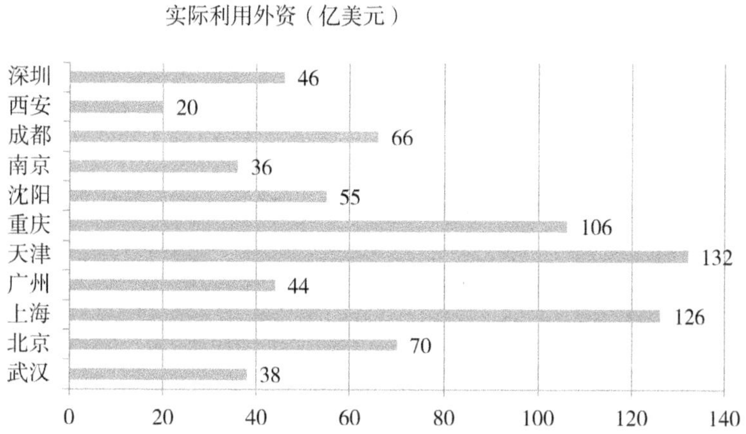

图 4.10　2011 年中国主要中心城市实际利用外资比较

武汉在实际利用外资方面，与国家中心城市还有较大差距，在区域中心城市中也处于落后位置。武汉虽然拥有大量外资企业，但实际利用外资量并不大，驻汉外资企业规模偏小，投入资金较少。武汉应继续扩大对外资企业的招商，同时鼓励现有外资企业扩大投资规模，积极吸引外资获得国际先进技术和管理经验，扩大与世界经济的交流及融合，弥补国内建设资金的不足。

综上所述，武汉对外资企业具有较强的吸引力，在六个区域中心城市中拥有比较优势，但所吸引的外资企业规模都不大，实际利用外资金额较少，需要继续扩大对大型外资企业的招商，同时鼓励现有外资企业扩大投资规模。武汉对国内大型企业的吸引力稍显不足，对国内经济主体的集聚能力有待提升。

4.1.1.3 辐射能力比较分析

如表4-3所示，通过从社会消费品零售总额、城市外向功能量和出口总额三个方面来比较分析5个国家中心城市和6个区域中心城市的对外辐射能力，来判断武汉的辐射水平。

表4-3 **2011年中国主要中心城市辐射指标一览表**

领域层	指标层	因子层	武汉	北京	上海	广州	天津	重庆	沈阳	南京	成都	西安	深圳
辐射中心	经济辐射	社会消费品零售总额(亿元)	3030	6900	6800	5240	3400	3490	2430	2700	2860	1970	3520
		城市外向功能量(万人)	14	218	70	33	18	9	13	11	6	16	27
		出口总额(亿美元)	117	590	2100	560	960	200	48	308	230	126	2455

如图4.11所示，从2011年各城市社会消费品零售总额来看，国家中心城市普遍高于区域中心城市；在区域中心城市中，深圳最高，达到国家中心城市水平，武汉紧随其后，西安、成都、南京和沈阳相对较少。社会消费品零售总额是指“各种经济类型的批发零售业、住宿餐饮业和其他行业的企业(单位)或个体户，售予城乡居民用于生活消费和社会集团用于公共消费的商品金额的总和”[58]。其中，批发零售业总额反映的是批发零售业在国内市场上销售商品以及出口商品的总量，即商贸水平；住宿餐饮业总额反映的是城市外来人口的消费情况。社会消费

品零售总额越高，说明城市商贸水平越高，城市经济对外辐射量越大。

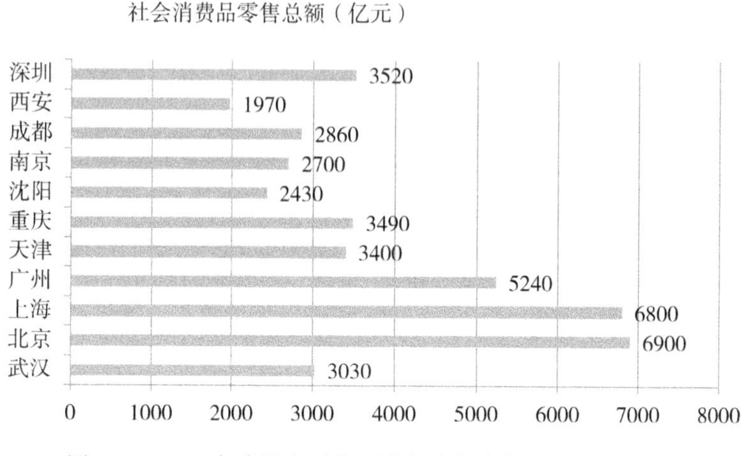

图 4.11　2011 年中国主要中心城市社会消费品零售总额比较

武汉 2011 年社会消费品零售总额稍落后于 5 个国家中心城市，在区域中心城市中排在第二位，仅次于深圳。武汉市是我国内地具有悠久历史的大商埠，因其“九省通衢”的地理位置，商品贸易连通南北、横贯东西，具有较强的辐射力。武汉应该继续强化商贸业的发展，创新经营理念、完善服务功能、改进购物环境、提高现代化水平，建设成国家级商贸中心。

如图 4.12 所示，从 2011 年各城市外向功能量来看，北京、上海外向功能量最大，其次是深圳、广州，再次是西安、成都、南京、沈阳、重庆、天津和武汉。城市外向功能量是指城市主要外向服务部门(一般包括金融、批发零售、信息传输、交通运输、住宿餐饮、房地产、科研服务、教育八类产业[59])在满足城市自身需求的前提下，为其他城市和地区提供产品所进行生产的劳动总人数。城市外向功能量越大，表明城市对外服务功能越强，城市经济辐射力越大。

武汉 2011 年城市外向功能量远少于国家中心城市水平，在区域中心城市中处于中等水平。这说明武汉对外服务功能不明显，城市仍处在经

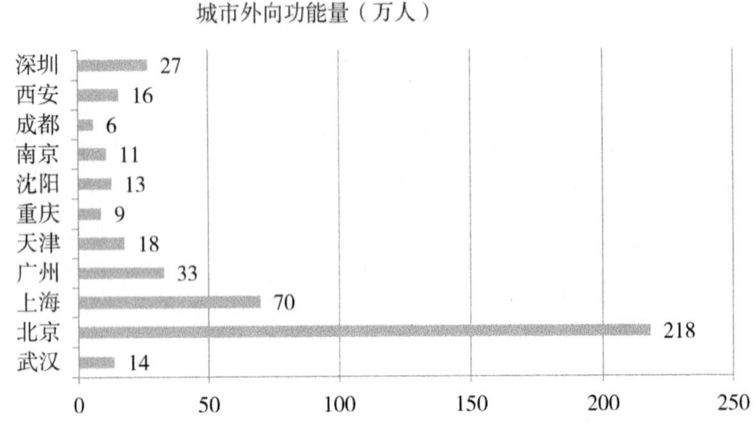

图 4.12　2011 年中国主要中心城市城市外向功能量比较

济集聚过程中，城市对外辐射能力有限。武汉在未来的发展中，应加强打造外向经济，积极拓展国内市场，扩大城市辐射范围和经济影响力。

如图 4.13 所示，从 2011 年各城市出口总额来看，深圳、上海出口总额最高(突破 2000 亿美元)，天津、北京和广州紧随其后，西安、成都、南京、沈阳、重庆和武汉则相对较少。出口总额是指一定时期内城市向国外出口的商品的全部价值，出口经济是目前中国城市参与全球经济建设的主要方式。城市出口总额越大，说明城市对全球化经济建设贡献越大，城市的全球经济辐射能力越强。

武汉 2011 年出口总额远远落后于 5 个国家中心城市，在 6 个区域中心城市中也排名靠后。这说明武汉海外市场还处在起步阶段，自身缺乏吸引国外市场的优质产品，城市国际竞争力不足。武汉在未来的建设中，应该结合自身制造业优势，积极拓展海外市场，建立特色海外产销链，提升城市全球经济辐射能力。

综上所述：武汉市经济外向度不高，经济辐射力有限，应该结合自身制造业优势，积极拓展国内外市场，扩大城市辐射范围和经济影响力。

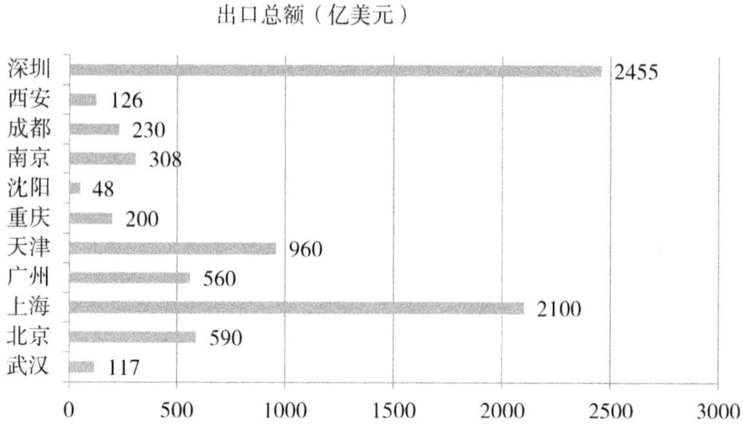

图 4.13　2011 年中国主要中心城市出口总额比较

4.1.1.4　交往能力比较分析

如表 4-4 所示，通过对城市物流量和人流量两个方面来比较分析 5 个国家中心城市和 6 个区域中心城市的交往能力，来判断武汉的交往水平。

表 4-4　　**2011 年中国主要中心城市交往指标一览表**

领域层	指标层	因子层	武汉	北京	上海	广州	天津	重庆	沈阳	南京	成都	西安	深圳
交往中心	物流	货运量（万吨）	41800	24800	93100	64100	43400	96800	19400	35800	34400	39200	28900
	人流	客运量（万人）	25700	145800	17800	67800	25300	141200	31600	43000	99100	34300	168400

如图 4.14 所示，从 2011 年各城市货运量来看，国家中心城市货运量普遍高于其他城市（北京除外）；区域中心城市中，武汉和西安货运

量较大，深圳、成都和南京紧随其后，沈阳最少。城市货运量是指城市各种运输工具为国民经济和人民生活服务，实际运送的货物重量。该指标是反映城市在经济交流过程中的容量性指标，即城市对经济的吸收和消化能力。城市货运量越高，说明城市吸纳吞吐能力越强，城市交往水平越高。

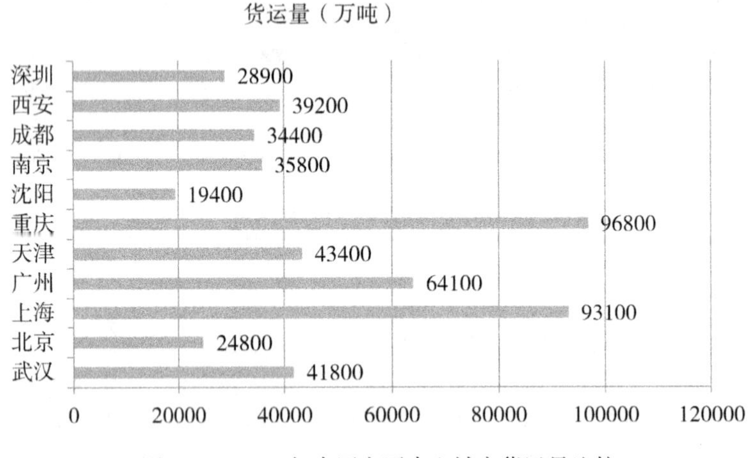

图4.14　2011年中国主要中心城市货运量比较

武汉2011年货运量几乎达到国家中心城市水平，领先于其他区域中心城市，城市货物吞吐能力较强。武汉拥有得天独厚的交通基础设施，是少有的集铁路、水路、公路、航空于一体的交通枢纽。货运吞吐量还有提升的空间，应该大力发展物流业，打造国家级交通运输枢纽。

如图4.15所示，从2011年各城市客运量来看，北京、重庆和深圳客运量最大，成都和广州客运量居中，西安、南京、沈阳、天津、上海和武汉则相对较小。客运量是指在一定时期内，各种运输工具实际运送的旅客数量。它是反映城市人口流动的重要指标，城市人口的流动必然伴随着经济的流动。城市客运量越大，说明城市对人口的吸纳和吞吐能力越强，城市经济交往活动越频繁。

武汉2011年城市客运量远落后于多个国家中心城市，在区域中心

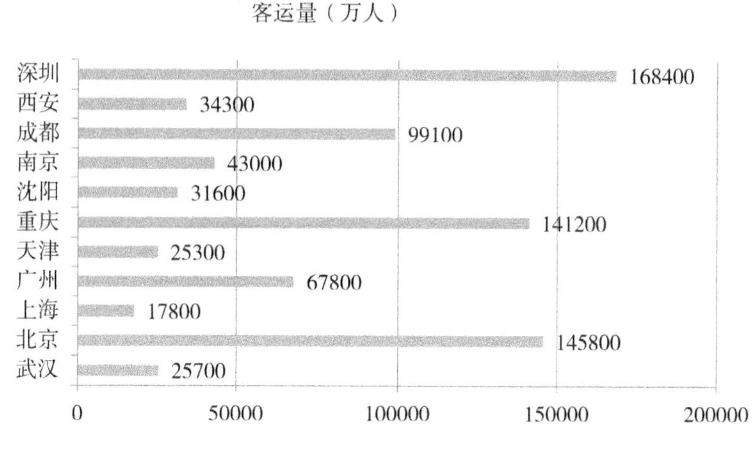

图 4.15 2011 年中国主要中心城市客运量比较

城市中处于末位，武汉人流交往水平较低。武汉是集铁路、水路、公路、航空于一体的交通枢纽，交通基础设施良好，但目前的客运量远落后于其他城市，说明武汉参与和引领区域发展的经济活动不够多，城市组织协调区域发展的能动性较差。在未来的建设中，武汉应加强城市的外向经济，积极参与区域经济建设，提升城市交往能力。

综上所述，武汉 2011 年货运量基本达到国家中心城市标准，客运量却落后于众多中心城市。货物流通量大，说明武汉的制造业和物流业发展良好，但客运量不足，说明城市参与区域经济建设活动不够频繁，城市交往能力仍显不足。武汉要积极参与区域经济发展，加强城市交往能力，努力成为经济活动的终点站，而不是中转站。

4.1.2 成长职能比较分析

成长职能是国家中心城市的潜力和竞争力的体现，用来塑造国家中心城市的特色发展路径。国家中心城市的成长职能包括科技创新中心和信息中心两个方面。

4.1.2.1　科技创新能力比较分析

如表4-5所示，通过从科技储备、科技投入和科技成果三个方面来比较分析5个国家中心城市和6个区域中心城市的科技创新能力，来判断武汉的科技发展水平。

表4-5　　　**2011年中国主要中心城市科技创新指标一览表**

领域层	指标层	因子层	武汉	北京	上海	广州	天津	重庆	沈阳	南京	成都	西安	深圳
科技创新中心	科技储备	在读研究生数量(万人)	10	24	17	7	5	5	4	9	7	8	2
	科技投入	科研机构数量(个)	425	2300	1020	429	500	698	527	979	108	3440	3350
		科研经费支出(亿元)	175	308	598	238	300	24	113	190	140	200	460
	科技成果	发明专利授权量(个)	2585	15880	9160	3146	2590	1865	5456	3457	2403	8270	11800
		科技论文数(篇)	44200	144300	129000	38400	57800	49700	28400	79600	26300	43300	44100

1. 科技储备比较分析

如图4.16所示，从2011年各城市在校研究生数量来看，北京和上海在校研究生拥有量上处于绝对领先位置，武汉、南京、西安、成都、广州也具备较多的在校研究生，重庆、天津、沈阳和深圳在校则相对较少。研究生作为高级别人才，是科技创新的主力军，在校研究生的多少反映这个城市的科技人才储备情况。科学技术是第一生产力，在校研究生是城市未来巨大的生产力。

武汉在校研究生数量处于国家领先水平，仅次于北京和上海两个国

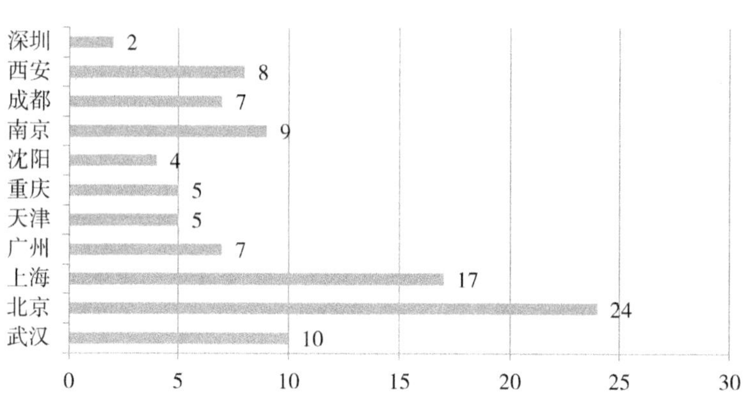

图 4.16　2011 年中国主要中心城市在读研究生数量比较

家中心城市，说明武汉拥有较雄厚的科技人才储备，在未来的城市建设中，可以推动企业和行业的发展和升级，促进产业结构的调整，增强城市活力，延续城市生命力。

2. 科技投入比较分析

如图 4.17 所示，从 2011 年各城市科研机构数量来看，北京、西

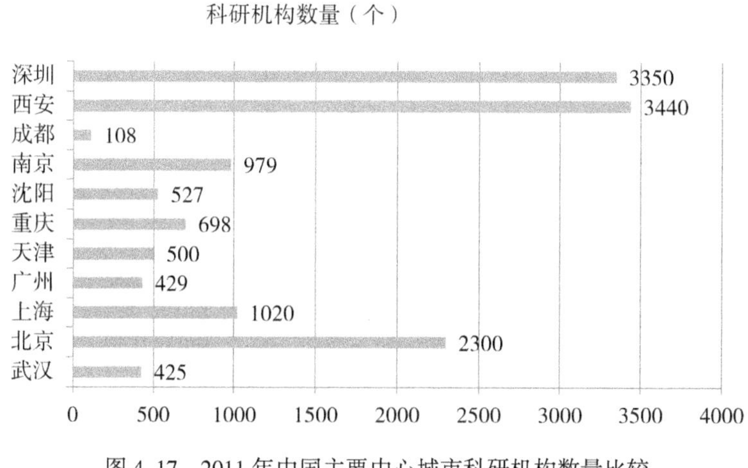

图 4.17　2011 年中国主要中心城市科研机构数量比较

安、深圳科研机构领先于全国(因为它们拥有众多的企业内部研发机构)，上海、南京处于第二梯队，其他城市则处于相对落后位置 。城市科研机构由科研单位、高等院校和企业研发机构组成，其中，企业研究机构数量最多。在市场经济环境下，城市不仅要加大对科研单位和高等院校的科研投入，更要积极提倡产研一体化，鼓励支持企业科学研究和试验发展。

武汉拥有大批的高等院校和科研单位，但其科研机构数量却仍然落后于其他中心城市，说明武汉的企业研发机构少，企业在科研投入上较少。武汉要加强对企业自主研发的鼓励和支持，做到产研结合，提升企业竞争力和生产效率。

如图4.18所示，从2011年各城市科研经费支出来看，国家中心城市在大力发展经济的同时，都很重视科研发展。上海、深圳、天津、北京、广州科研经费支出最多，其次是西安、南京、武汉、成都和沈阳，重庆科研经费支出最少。

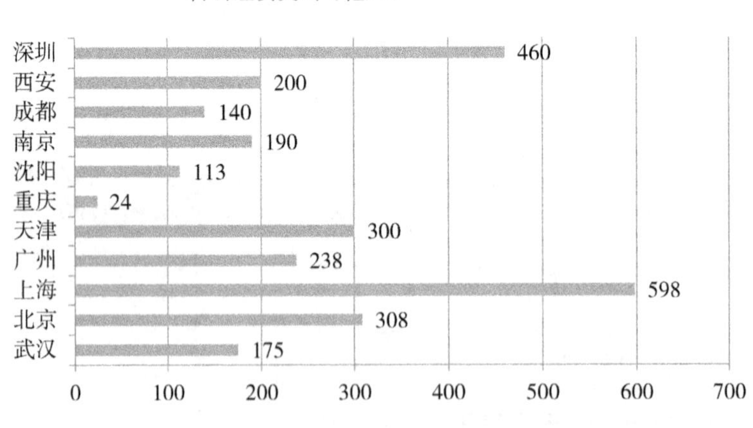

图4.18　2011年中国主要中心城市科研经费支出比较

武汉科研经费支出与国家中心城市存在较大差距，在区域中心城市中处于中等水平。科学技术是第一生产力，武汉应该加大科研经费支出，支持高等院校和科研机构进行科学研究，鼓励企业加大科研力度。加大科研经费的投入，会给城市未来发展奠定坚实的基础。

综上所述，武汉的科技投入在6个区域中心城市中并不突出，应该继续强化高等院校科研投入，积极引导企业科研投入，为城市发展提供坚实的竞争力。

3. 科技产出比较分析

如图4.19所示，从2011年各城市发明专利授权量来看，北京、上海、西安和深圳由于有大量的科研机构，其发明专利授权量领先于全国，城市有较强的创新能力；其他城市发明专利授权量则相对较少。发明专利为新兴产业的发展和传统产业的升级提供了重要支撑[42]。

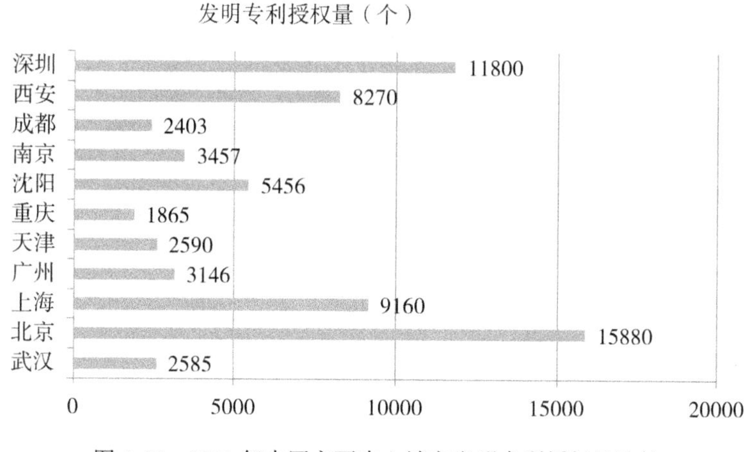

图4.19　2011年中国主要中心城市发明专利授权量比较

武汉发明专利授权量目前在各大城市中处于较落后的位置，虽然武汉高新技术产业发展迅速，但传统产业升级换代速度较慢，缺乏创新能力。

如图4.20所示，从2011年各城市科技论文发表数来看，国家中心城市在论文的产出上处于领先地位，北京、上海均超过10万篇，重庆和天津也超过一般区域中心城市(南京除外)，广州相对较少。在区域中心城市中，南京论文数排在首位，有较大的优势，甚至超过了部分国家中心城市；武汉、深圳和西安论文数量相当，接近国家中心城市水平；成都和沈阳论文数相对较少。科技论文作为科技研究的成果，可以通过开发，使研究成果转化为生产力。科技论文主要功能是记录、总结科研成果，促进科研工作的完成，是科学研究的重要手段。科技论文数量越多、质量越高，标志科技人员和科研单位的科技水平越高。

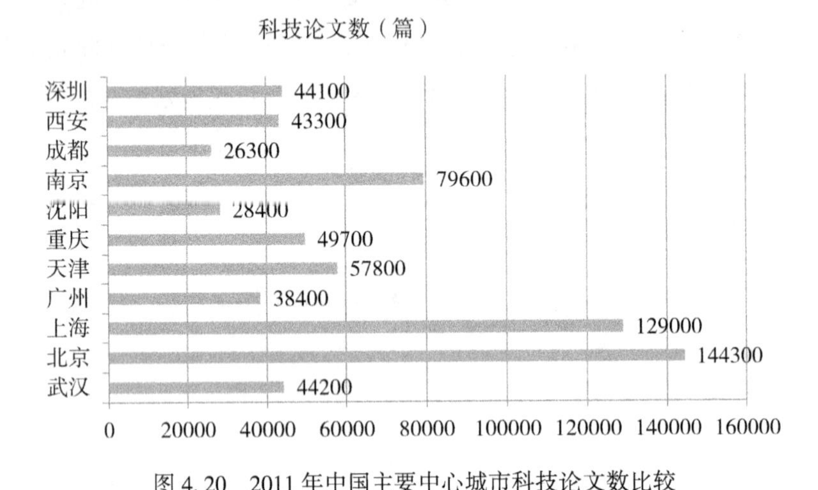

图4.20　2011年中国主要中心城市科技论文数比较

武汉2011年科技论文发表数量接近国家中心城市水平，在区域中心城市中处于第二位，科技成果产出比较理想。武汉的科技论文产出主要得益于武汉强大的教育资源（众多的高校师生从事科学研究），在科技书面成果中具有相对优势。

综上所述，武汉在科技书面产出（科技论文）上有领先优势，但在科技转化生产力（发明专利授权量）上则处于落后位置。武汉应该注重产学研结合，努力促进科研产业化，将科研优势转化为生产力优势。

4.1.2.2　信息化水平比较分析

通过从互联网用户和移动电话用户两个方面来比较分析5个国家中

心城市和6个区域中心城市的信息化程度从而判断武汉的信息化水平，见表4-6。

表4-6 **2011年中国主要中心城市信息化指标一览表**

领域层	指标层	因子层	武汉	北京	上海	广州	天津	重庆	沈阳	南京	成都	西安	深圳
信息中心	信息化	宽带用户（万户）	250	520	530	420	820	330	153	250	200	180	280
		人均移动电话（个/人）	1.3	1.3	1.1	2.0	0.9	0.5	1.1	1.2	1.1	1.9	2.2

如图4.21所示，从2011年各城市宽带用户数来看，5个国家中心城市明显高于其他城市，深圳、南京和武汉紧随其后，西安、成都和沈阳则相对落后。宽带是人们信息交流使用的工具，可以满足人们对各种业务的需求，如语音、数据、图像、办公等各种业务，它使城市发展更加智能化、综合化。

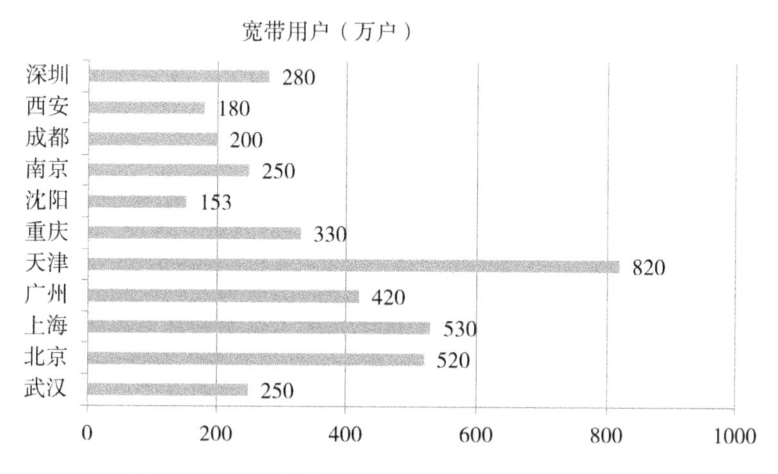

图4.21 2011年中国主要中心城市宽带用户数比较

武汉 2011 年宽带用户数接近国家中心城市水平，在区域中心城市中处于领先位置，说明武汉信息化基础设施建设良好，为城市智能化提供了一个良好的平台。但目前仍然没有做到信息全覆盖，因此应该加强宽带建设，将其延伸到政治、经济、文化、科技、教育和社会生活各个领域，提高城市管理水平和生产力水平，完善城市服务功能。

如图 4.22 所示，从 2011 年各城市人均移动电话部数来看，西安、广州、深圳人均移动电话保有量全国领先(均接近 2 部/人)，成都、南京、沈阳、上海、北京和武汉人均电话保有量紧随其后(均超过 1 部/人)，重庆、天津人均电话保有量则相对较少(不足 1 个/人)。目前各大城市移动电话覆盖率基本达到百分之百，只有重庆和天津还未全覆盖。

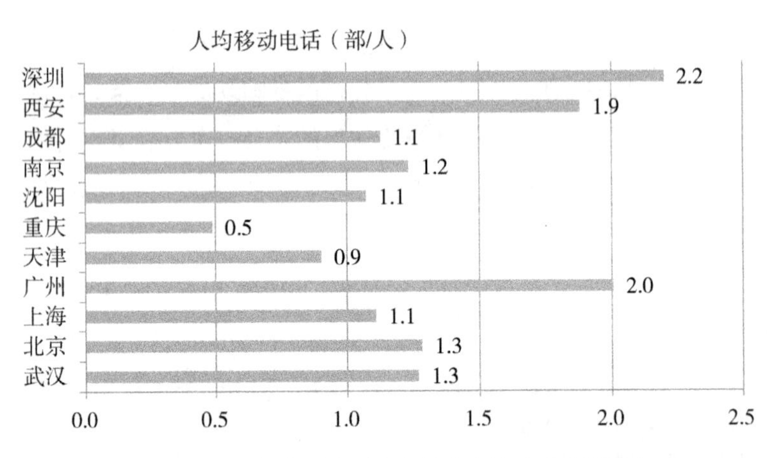

图 4.22　2011 年中国主要中心城市人均移动电话数比较

武汉的人均移动电话数为 1.3 部，仅次于深圳、西安和广州，说明所有的市民都在移动通信网络内，能满足所有市民的移动交流需求，城市移动通信能力较强。深圳、广州等城市居民人均需要两部手机才能满足自己的信息交流需求，说明武汉市民之间的信息交流量还不大。

综上所述，武汉信息化水平较高，移动通信能力较强，但距离信息全覆盖还有一段距离，必须加强网络基础设施建设。

4.1.3 目标职能比较分析

目标职能主要是对未来世界城市的展望，体现未来城市发展的方向和重点。作为国家中心城市，必须走在城市发展的前列，尽早规划未来发展方向，确定目标职能。国家中心城市的目标职能包括人文中心、宜居中心和绿色中心三个方面。

4.1.3.1 宜居水平比较分析

通过从居住、就业、收入和出行四个方面来比较分析5个国家中心城市和6个区域中心城市的宜居度，来判断武汉的宜居水平，见表4-7。

表4-7 **2011年中国主要中心城市宜居指标一览表**

领域层	指标层	因子层	武汉	北京	上海	广州	天津	重庆	沈阳	南京	成都	西安	深圳
宜居中心	居住	居民平均预期寿命	79	81	85	80	81	77	79	79	79	76	78
		人均住房面积(平方米)	32	29.4	17	22	33	33	28	29	50	29	28
	就业	失业率(%)	4.6	1.4	4.2	4.1	3.6	3.5	3	2.7	3	4	2.2
	收入	年人均可支配收入(元)	23700	32900	36230	34400	29900	20200	23320	32200	23900	25980	36500
	出行	公共交通里程(公里)	5860	19800	23000	10500	12700	8880	3740	3900	3480	2870	8140

1. 居住情况比较分析

如图 4. 23 所示，从 2011 年各城市居民平均预期寿命来看，国家中心城市居民平均预期寿命高于其他城市(重庆除外)；区域中心城市居民平均预期寿命差别不大，几乎相同，只有深圳和西安稍低。平均期望寿命是衡量一个城市或地区居民健康水平的重要标志，它和人的实际寿命不同，是根据婴儿和各年龄段人口死亡的情况计算后得出的，指在现阶段每个人如果不出意外应该活到的年龄。人均预期寿命表明了新出生人口平均预期可存活的年数，是度量人口健康状况的一个重要的指标，可以反映出一个社会生活质量、卫生医疗水平的高低。

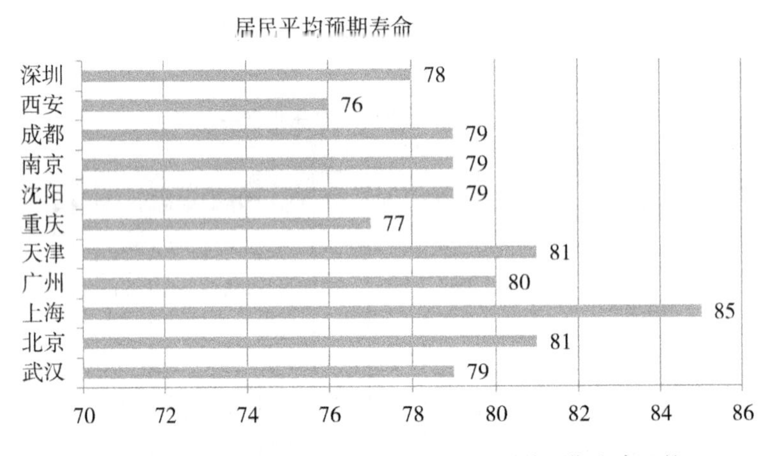

图 4. 23　2011 年中国主要中心城市居民平均预期寿命比较

武汉居民平均预期寿命仅次于国家中心城市水平(80 岁)，在 6 个区域中心城市中也并列最高。说明武汉社会生活质量较高，卫生医疗水平较好，居民发病率较低，比较适合人类居住。

如图 4. 24 所示，从 2011 年各城市人均住房面积来看，国家中心城市人均住房面积普遍低于区域中心城市。成都人均居住面积最多(50 平方米)，广州、上海人均居住面积最少(不到 25 平方米)。人均住房面积直接反映市民的居住情况，面积越小，说明城市越拥挤，城市居住空间相对不足。城市一味地追求经济效益，而忽略社会效益时，就会面临各种社会问题，包括居住拥挤问题。

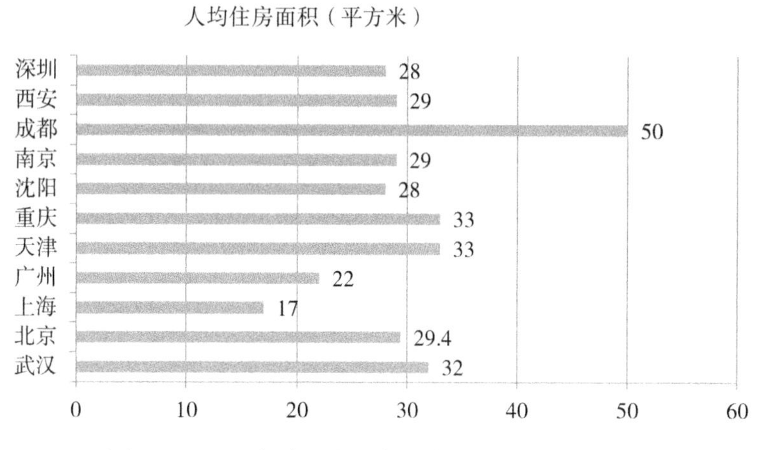

图 4.24　2011 年中国主要中心城市人均住房面积比较

武汉 2011 年人均住房面积较大，在 11 个城市中排在第四位，高于国家中心城市水平，在区域中心城市中也处在前列。说明武汉在追求经济效益的同时，没有忽略社会效益，城市居住环境相对良好，居住空间相对充足。

综上所述，武汉城市宜居水平较高，在 11 个城市中处于领先位置。武汉卫生医疗水平较好，居民发病率较低，居住空间充足，居住环境良好，适宜人类居住。

2. 就业情况比较分析

如图 4.25 所示，从 2011 年各城市失业率来看，11 个城市中，武汉、上海、广州和西安失业率最高，均超过 4%，成都、沈阳、重庆和天津失业率居中，深圳、南京和北京失业率最低。失业率是指失业人口占劳动人口的比率，用来衡量闲置中的劳动产能。失业率降低，代表整体经济健康发展，居民就业压力较小；失业率升高，便代表经济发展放缓衰退，居民就业压力较大。

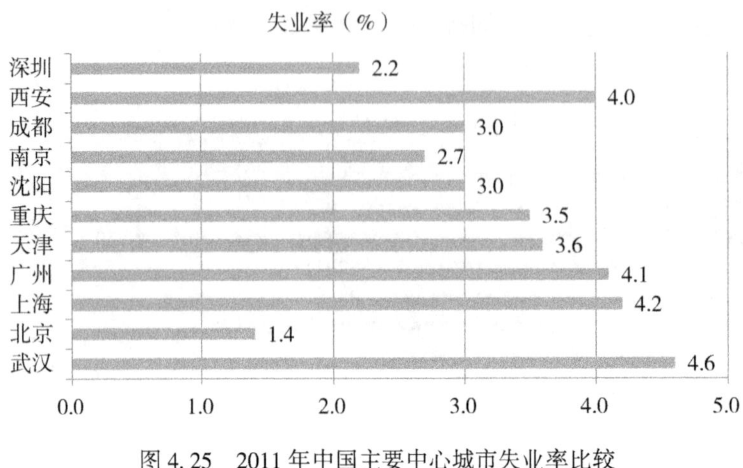

图 4.25　2011 年中国主要中心城市失业率比较

武汉 2011 年失业率在 11 个城市中最高，说明武汉相对其他城市而言，整体经济状况不佳，闲置的劳动产能多，居民就业压力较大。武汉应该放松银根，增加基础设施投资，刺激经济增长，增加就业岗位，缓解市民就业压力。

3. 收入水平比较分析

如图 4.26 所示，从 2011 年各城市年人均可支配收入来看，国家中心城市整体水平较高，重庆人口基础太大，所以人均水平较低；区域中心城市中，深圳和南京人均可支配收入都达到国家中心城市水平；西安、沈阳和南京人均可支配收入相差不大，但距离国家中心城市水平有一定的距离。人均可支配收入是指个人总收入中扣除应缴纳的所得税和个人交纳的各种社会保障支出以后的收入，是实际收入中能用于安排日常生活的收入，它是消费开支最重要的决定性因素，直接决定人民的生活水平和消费能力。

武汉 2011 年人均可支配收入远落后于国家中心城市水平，在区域中心城市中也仅高于沈阳。说明武汉市民的收入水平相对较低，消费能力有限，居民生活水平不高。武汉应该采取措施多渠道增加居民的工资

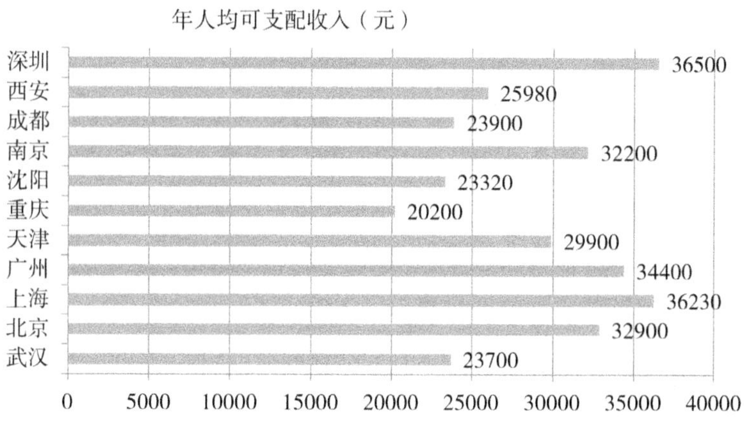

图 4.26　2011 年中国主要中心城市人均可支配收入比较

性收入，如提高最低工资标准来促使企业相应提高职工的工资收入，还可通过“让税”等举措来提高职工的工资性收入。

4. 出行水平比较分析

如图 4.27 所示，从 2011 年各城市公共交通里程来看，国家中心城市公共交通里程大幅度高于其他城市；区域中心城市中，深圳和武汉公共交通里程远高于其他城市。公共交通里程是城市公共交通工具(公交车、

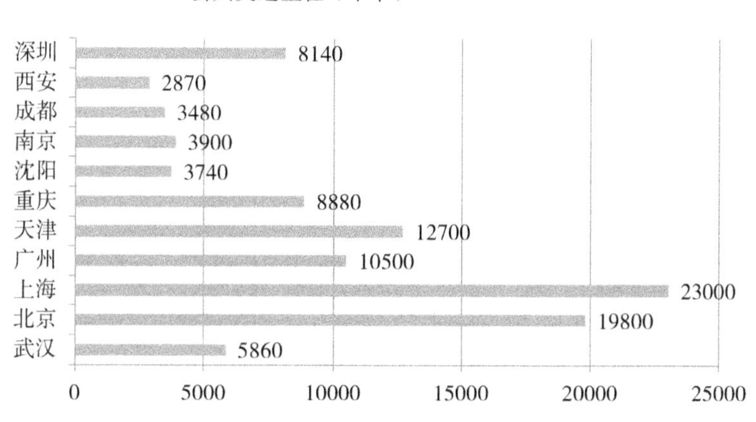

图 4.27　2011 年中国主要中心城市公共交通里程比较

地铁、轻轨、轮渡等)的线路里程总和，是反映城市公共交通能力的指标。公共交通里程越高，说明市民日常出行可达范围越广，出行越方便。

武汉 2011 年公共交通里程还远未达到国家中心城市水平，但在区域中心城市中处于领先水平，里程数仅次于深圳。而武汉 2011 年只有一条轨道交通线，说明武汉的公共汽车线路密度非常大，在地铁建成后，武汉的公共交通将实现质的飞跃，届时将达到国家中心城市水平，市民的日常出行将更加方便快捷。

4.1.3.2　人文化水平比较分析

如表 4-8 所示，通过从精神形态、管理形态和物质形态三个方面来比较分析 5 个国家中心城市和 6 个区域中心城市的人文化水平，来判断武汉的人文环境建设情况。

表 4-8　　**2011 年中国主要中心城市人文指标一览表**

领域层	指标层	因子层	武汉	北京	上海	广州	天津	重庆	沈阳	南京	成都	西安	深圳
人文中心	精神形态	高等教育人数(万人)	247	400	310	124	200	250	170	167	234	186	178
	管理形态	文化产业GDP(亿元)	376	340	115	165	57	49	280	255	114	250	92
		医疗床位数(张)	56500	87600	87500	65900	44700	115600	44600	34500	73080	41000	22300
	物质形态	图书馆藏书(万册)	11460	5050	6900	1300	1350	1150	1130	1490	1539	4900	2490
		期刊出版量(亿册)	3	10.3	1.8	1.7	0.4	0.5	0.3	1.1	1.2	0.6	0.2

1. 精神形态比较分析

如图4.28所示，从2011年各城市高等教育人数来看，北京和上海领先于各大城市，受高等教育人数超过300万人，武汉、重庆和成都紧随其后，深圳、西安、南京、沈阳、天津和广州则受高等教育人数较少。高等教育人数是指城市中受过大专以上教育的户籍人口，它反映的是城市居民的受教育水平，是城市人口素质的集中体现。高等教育不仅教给人科学知识，更能塑造人良好的价值观、人生观和世界观，提升整个城市的精神文明水平。

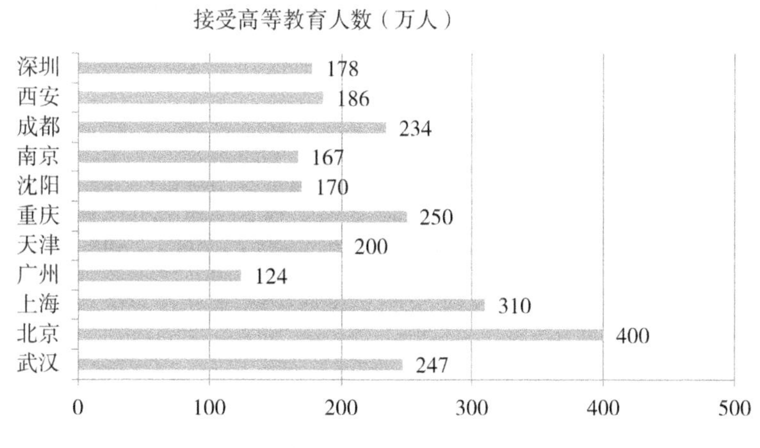

图4.28　2011年中国主要中心城市高等教育人数比较

武汉2011年高等教育人数仅次于北京、上海和重庆三个国家中心城市，领先于其他所有区域中心城市。说明武汉的居民受教育程度较高，居民的意识形态层次较高。武汉拥有良好的教育资源，在校大学生超过100万人(2012年数据)，武汉在人文建设方面具有先天性资源，应该继续利用好这一资源，扩大教育覆盖面，提升整个城市的人文水平。

2. 管理形态比较分析

如图4.29所示，从2011年各城市文化产业GDP来看，武汉和北京文化产业GDP领先于其他城市，西安、南京和沈阳紧随其后，深圳、成都、重庆、天津、广州和上海则相对落后。文化产业是以生产和提供精神产品为主要活动的集合，以满足人们的文化需要。文化产业的繁荣是城市文化管理形态创新和文化体制改革所产生的结果，是城市服务水平高的集中体现。

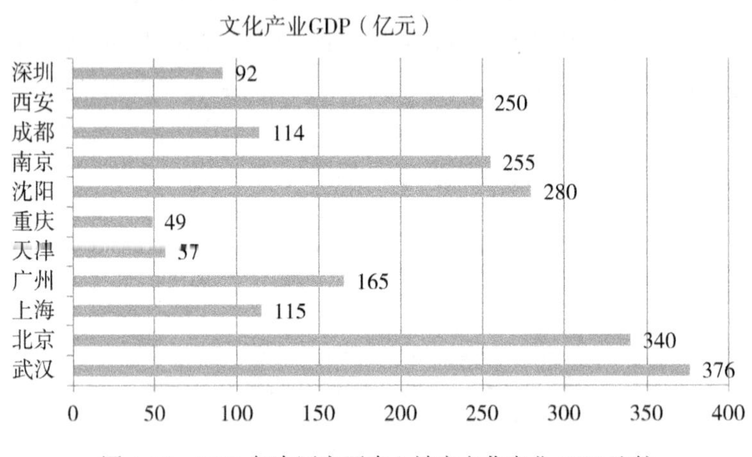

图4.29 2011年中国主要中心城市文化产业GDP比较

武汉2011年文化产业GDP超过5个国家中心城市和其他5个区域中心城市，文化产业发展处于全国领先水平，说明武汉城市服务水平相对较高，可以较好地满足人们的精神需求。武汉将精神文明建设与市场经济结合，极大地推动了文化产业的发展。只有强调市场在文化资源配置上的作用，将文化由行政资源转化为生产力，即文化产业化，才能带来文化产业的大繁荣，进而促进社会精神文明建设。

如图4.30所示，从2011年各城市医疗床位数来看，国家中心城市的医疗床位数整体多于区域中心城市；区域中心城市中，成都和武汉医疗床位数较多。医疗床位数反映的是城市的卫生服务水平，医疗床位数越多，说明医疗卫生机构越多，城市应急能力越强，城市向居民提供的医疗、预防、保健、康复等服务越丰富。

武汉2011年医疗床位数与国家中心城市还存在一定的距离，在区

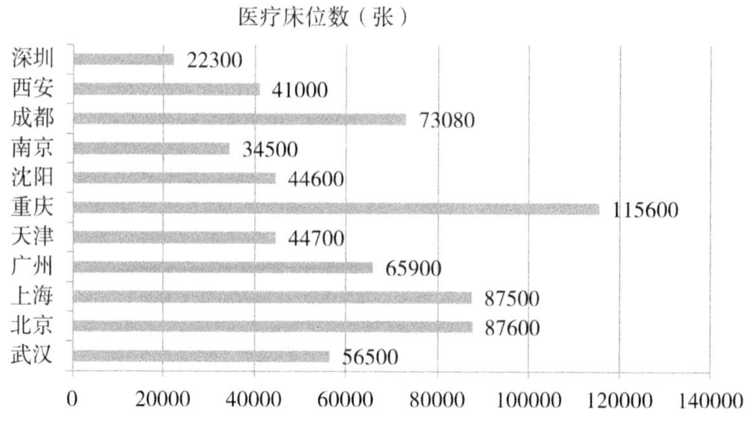

图 4.30 2011 年中国主要中心城市医疗床位数比较

域中心城市中排在第二位，仅次于成都。武汉卫生服务水平较高，为居民健康生活提供了重要保障。武汉应该继续强化卫生服务水平，整合、融合本地优质卫生资源，利用“辐射八方”的区位优势，建设国家医疗卫生服务中心。

综上所述，武汉文化产业发展全国领先，可以较好地满足市民的精神需求；卫生服务水平较高，为居民健康生活提供了重要保障。武汉城市管理服务水平较高，为居民提供了丰富和安全的生活环境。

3. 物质形态比较分析

如图 4.31 所示，从 2011 年各城市公共图书馆藏书量来看，武汉公共图书馆藏书量大幅领先于其他城市，其次是上海、北京和西安，深圳、成都、南京、沈阳、重庆、天津和广州相对较少。公共图书馆图书是向所有居民开放，是传播知识和社会信息的重要媒介。公共图书馆藏书量越多，说明城市文化休闲设施(图书馆)越多，社会信息传播越广泛，城市文化氛围越浓厚。

武汉 2011 年公共图书馆藏书量远超过 5 个国家中心城市和 5 个区域中心城市，位于第一位。武汉的文化基础设施建设全国领先，在未来的文化建设中，应着重考虑文化制度创新和技术创新，如建设 24 小时自助图书馆等，使得文化信息交流更方便、快速和完整。

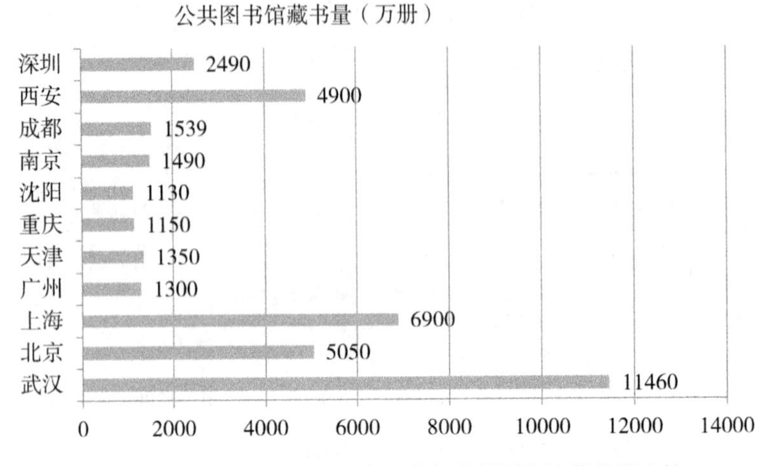

图4.31 2011年中国主要中心城市公共图书馆藏书量比较

如图4.32所示，从2011年各城市期刊出版量来看，北京期刊出版量最多，其次是武汉、广州和上海，深圳、西安、成都、南京、沈阳、重庆和天津则相对较少。期刊种类繁多，内容涵盖了社会的方方面面，且发行覆盖面广，是社会信息传播的重要载体。北京作为全国文化中心，有众多的大型期刊出版社，出版的期刊销往全国各地，对全国人民的思想观念、受教育水平、价值取向等意识形态产生深刻影响。

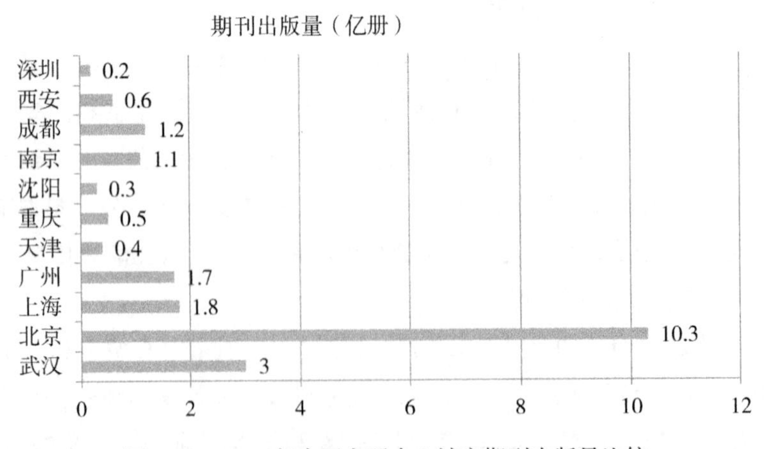

图4.32 2011年中国主要中心城市期刊出版量比较

武汉2011年期刊出版量仅次于北京，大幅领先于其他城市，说明武汉的期刊出版业达到国家级水平。武汉庞大的期刊出版量不仅丰富了本市人民的生活，也正通过其庞大的出版业影响全国人民的意识形态。武汉在未来应该继续强化出版业优势，努力争取建设成为南方出版业中心。

综上所述，武汉公共图书馆藏书量和期刊出版量在全国都处于顶尖水平，在营造了武汉市良好文化氛围的同时，对全国的意识形态也有重要影响力。

4.1.3.3 绿色建设水平比较分析

如表4-9所示，通过从资源节约和环境保护两个方面来比较分析

表4-9　**2011年中国主要中心城市绿色建设指标一览表**

领域层	指标层	因子层	武汉	北京	上海	广州	天津	重庆	沈阳	南京	成都	西安	深圳
绿色中心	资源节约	年人均用水量（立方米）	132	280	220	176	75	32	74	186	61	80	154
		年人均用电量（千瓦时）	4620	9900	9400	8200	7300	2150	3580	6250	3330	2740	6654
		城市建成区人均占有量（平方米）	93	127	126	140	116	83	67	98	68	52	63
	环境保护	工业废水排放量（亿吨）	2.3	0.9	4.5	2.4	2	3.4	0.7	2.5	1.3	1.3	1.1
		工业烟尘排放量（万吨）	13	9	28	8	59	70	5	18	2	2	1
		工业废物排放量（万吨）	1380	1126	2442	660	1762	3346	704	1792	518	279	133
		人均公共绿地面积（平方米）	10	15	13	15	10	17	12	12	5	10	17

5个国家中心城市和6个区域中心城市的绿色水平，从而判断武汉的绿色环境建设情况。

1. 资源节约比较分析

如图4.33所示，从2011年各城市年人均用水量来看，北京、上海、广州、南京和深圳年人均用水量最多，武汉紧随其后，西安、成都、沈阳、重庆和天津则年人均用水量较少。中国地域广阔，但因为人口众多的原因，人均淡水资源严重不足。而且，我国水资源的分布与耕地、人口的分布也极不匹配。在全国总量中，耕地约占36%、人口约占54%的南方，水资源占有率为81%；而耕地占45%、人口占38%的北方，则水资源占有率仅为9.7%。鉴于上述情况，在社会生产和生活中，应该尽量提高淡水利用率，做到节约用水[60]。

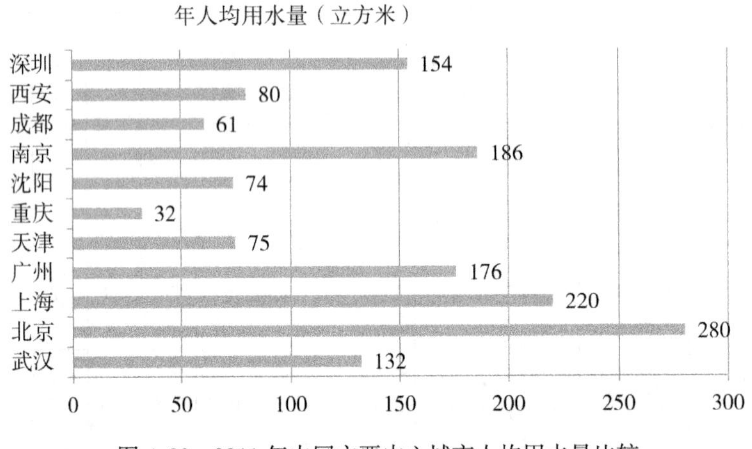

图4.33 2011年中国主要中心城市人均用水量比较

武汉2011年人均用水量在11个城市中属于中等水平，武汉作为“百湖之市”，淡水资源虽然丰富，但近年来填湖造市，使淡水资源大幅减少，必须节约用水，提高工业用水效率，提倡“水循环”经济，缩减不必要生活用水，才能做到可持续发展。

如图4.34所示，从2011年各城市年人均用电量来看，国家中心城市人均用电量普遍较大，深圳、南京、武汉紧随其后，西安、成都、沈阳和重庆则相对较少。年人均用电量包含工业用电和生活用电，反映的是城市对能源(碳)的平均消耗水平，人均用电量越低，说明城市消耗能源越慢。

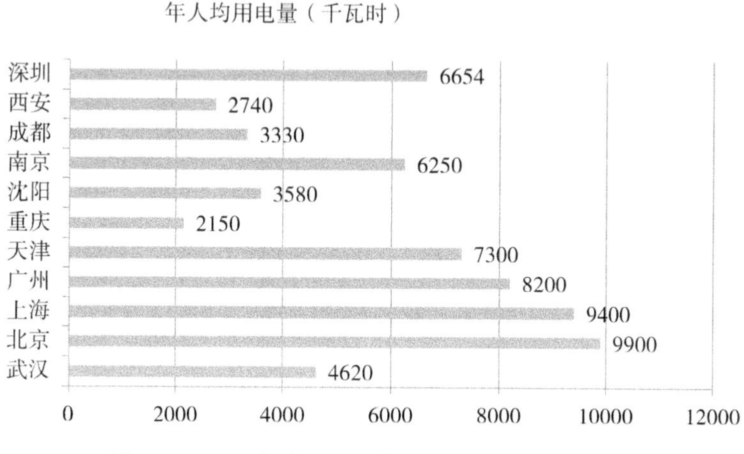

图 4.34 2011 年中国主要中心城市人均用电量比较

武汉 2011 年人均用电量在 11 个城市中属于中等水平，低于 4 个国家中心城市，但也高于 3 个区域中心城市。特别是武汉 2011 年 GDP 与成都相当的情况下，人均用电量却远高于成都，说明武汉在能源的利用效率上还有较大提升空间。武汉在未来的建设中，应该提高能源利用率，发展循环经济，充分利用风能、太阳能等新能源进行生产，最大限度地减少能源消耗，走可持续发展之路。

如图 4.35 所示，从 2011 年各城市建成区人均占有量来看，国家中心城市的建成区人均占有量最大(重庆除外)，武汉、南京和重庆紧随其后，深圳、西安、成都和沈阳相对较少。土地资源不是无限的，城市不能盲目地“摊大饼”式发展，必须做到土地集约化发展，追求土地价值最大化。城市建成区人均占有量是反映城市对土地资源利用情况的指标，建成区人均占有量越高，说明城市土地资源越浪费；建成区人均占有量越低，说明土地使用越集约，土地利用效率越大。

武汉 2011 年建成区人均占有量偏大，接近于国家中心城市，在区

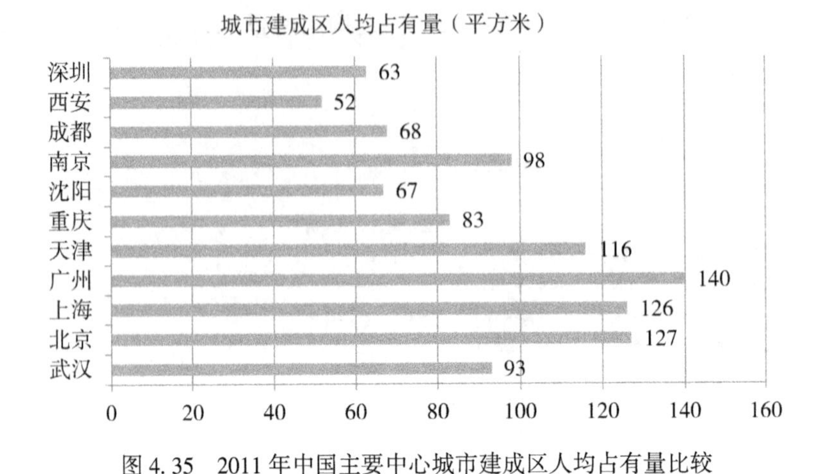

图 4.35　2011 年中国主要中心城市建成区人均占有量比较

域中心城市中仅次于南京。说明武汉土地利用不够集约，土地效益还有提升空间。在快速城市化的背景下，武汉城市空间拓展不能一味地求快求大，要充分挖掘城市土地开发价值，做到集约式发展。

综上所述，武汉在人均用水、人均用电和人均用地上都较高，资源利用不够节约，在未来的发展中，必须节约资源，提高资源利用率，发展循环经济。

2. 环境保护比较分析

如图 4.36 所示，从 2011 年各城市工业废水排放量来看，上海、重庆、天津、南京、广州和武汉排放量较大，深圳、西安、成都、沈阳和北京相对较小。

武汉工业废水排放量较大，是多个区域中心城市的 2 倍，接近甚至超过多个国家中心污水城市排放量。武汉在大力发展制造业的同时，应加强废水循环利用，同时增强对工业废水的处理能力，注重环境保护。

如图 4.37 所示，从 2011 年各城市工业烟尘排放量来看，重庆、天津工业烟尘排放量远多于其他城市，上海、南京和武汉紧随其后，深圳、西安、成都、沈阳、广州和北京则工业烟尘排放量较小。

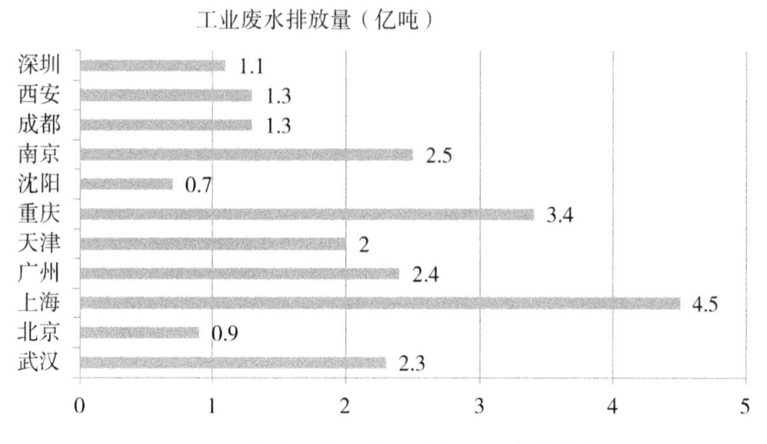

图 4.36　2011 年中国主要中心城市工业废水排放量比较

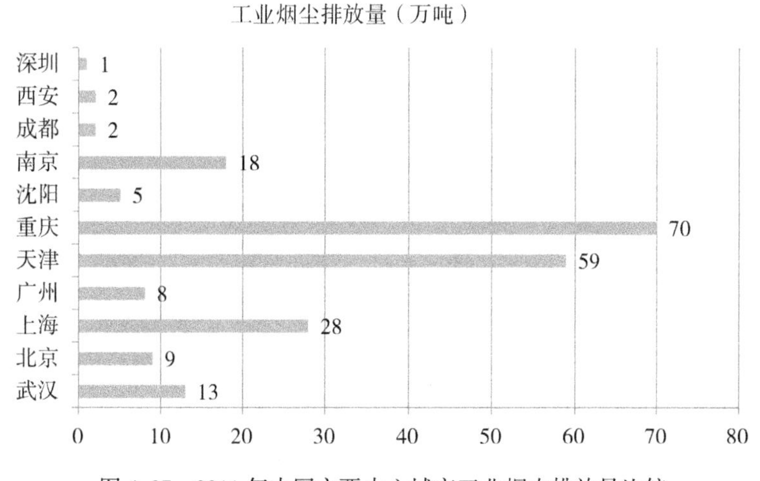

图 4.37　2011 年中国主要中心城市工业烟尘排放量比较

武汉 2011 年工业烟尘排放量低于 3 个国家中心城市，但在区域中心城市中较高，仅次于南京。武汉在大力发展制造业的同时，仍需增强对工业烟尘的处理能力，减少对环境的污染。

如图 4.38 所示，从 2011 年各城市工业废物排放量来看，重庆、上海工业废物排放量最多，天津、南京、武汉和北京紧随其后，深圳、西安、成都、沈阳和广州较少。

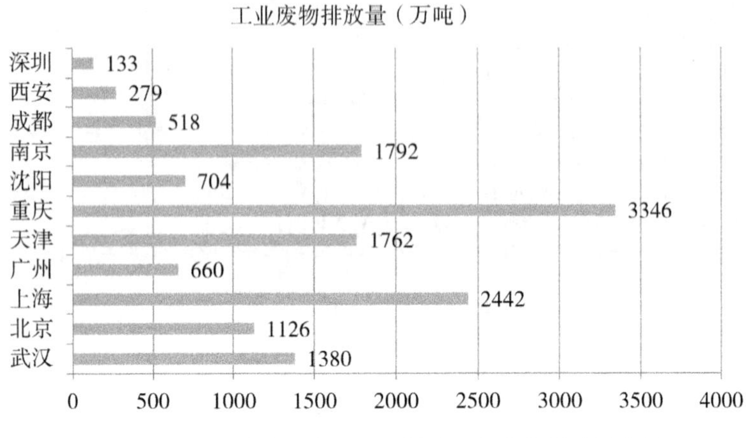

图4.38 2011年中国主要中心城市工业废物排放量比较

武汉2011年工业废物排放量在11个城市中排在第五位，在区域中心城市中排在第二位。武汉在大力发展制造业的同时，应加强工业废物循环利用能力，减少工业废物排放。

如图4.39所示，从2011年各城市人均公共绿地面积来看，深圳、重庆、广州和北京较高，上海、南京、沈阳紧随其后，西安、天津、武汉和成都则较少。公共绿地包括公共人工绿地、天然绿地，以及机关、企事业单位绿地。人均公共绿地面积指城镇公共绿地面积的人均占有量，是反映城市绿化水平和生态建设的指标。城市人均公共绿地面积越大，说明城市绿地建设情况越好，城市自然环境保护越成功，城市生活环境越理想。

武汉2011年人均公共绿地面积在11个城市中排在倒数第二位，人均公共绿地面积较少，城市绿化建设情况有待提高。在未来的城市建设中，武汉应该充分利用自身优良的生态资源(大江大湖)，注重生态资源保护，增加城市绿化，打造宜人的居住环境。

综上所述，武汉环境保护力度在11个城市中相对不足，城市工业“三废”排放量较大，人均公共绿地较少。在未来的城市建设中，武汉

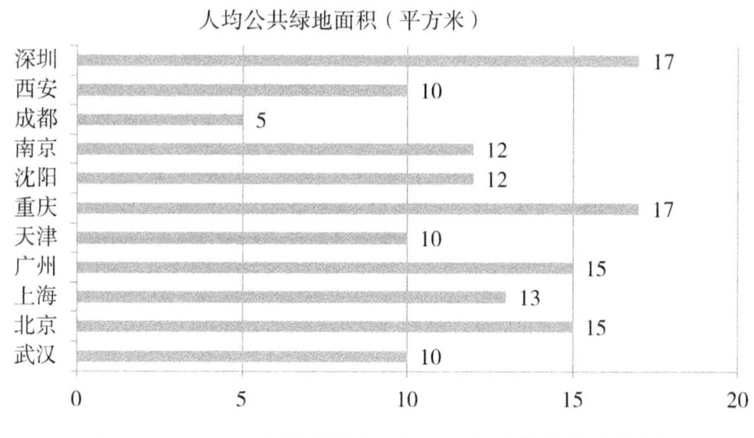

图 4.39　2011 年中国主要中心城市人均公共绿地面积比较

应加强“三废”循环利用能力，减少对环境的污染，保护优良的生态资源，增加城市绿化，建设更加宜人的城市环境。

4.1.4　武汉城市发展总结

通过对 11 个城市 GDP、人均 GDP 等 39 个指标的横向比较分析，总结了武汉在 11 个城市中的优势指标、潜力指标和劣势指标，见表 4-10。优势指标是指在 11 个城市中处于较前位置的指标，其发展达到或者接近国家中心水平；潜力指标是指在目前发展基础较好，有潜力成长为全国领先的指标；劣势指标是指目前在 11 个城市中排名靠后、发展情况堪忧的指标。

表 4-10　　**武汉建设国家中心城市指标分类一览表**

类型	指标名称
优势指标	户籍人口、货运量、在校研究生数量、科技论文数、宽带用户数、人均移动电话数、居民平均预期寿命、人均住房面积、接受高等教育人数、公共图书馆藏书量、期刊出版量、外资企业数量

续表

类型	指标名称
潜力指标	社会消费品零售总额、公共交通里程
劣势指标	实际利用外资、常住外来人口、就业人口、国企数量、出口总额、客运量、发明专利授权量、城市失业率、人均可支配收入、人均用水量、人均用电量、城市建成区人均占有量、工业废水排放量、工业烟尘排放量、人均公共绿地面积

4.2　多城市职能综合评价

单因子指标的横向比较虽然能反映各城市单个行业的发展情况，但每个行业对城市建设的贡献率有所差异，因此不能反映城市的综合发展水平。国家中心城市和区域中心城市都是综合性城市，所以必须综合各因子，进行整体性评价。

4.2.1　各职能评价因子的权重确定

权重的选择非常关键，因为权重的确定直接决定评价结果的准确性和科学性。本书采用了专家事打分法来进行权重赋值。虽然专家打分法仍有一定的主观性，但通过取多个专家打分的平均值，可以基本消除此影响。按照城市职能评价的递阶层次模型，根据专家的打分，最终确定各评价因子对城市综合职能(决策目标)的影响权重。

4.2.1.1　判断矩阵的构建

基于城市职能评价体系的层级结构，将城市综合职能作为判断矩阵的决策目标，将基础职能、成长职能和目标职能作为子目标层，将经济中心、集聚中心、辐射中心、交往中心、科技创新中心、信息中心、宜居中心、人文中心和绿色中心作为中间层要素，将 GDP、人均 GDP 等 39 个评价因子作为备选方案，构建判断矩阵，如图 4.40 所示。

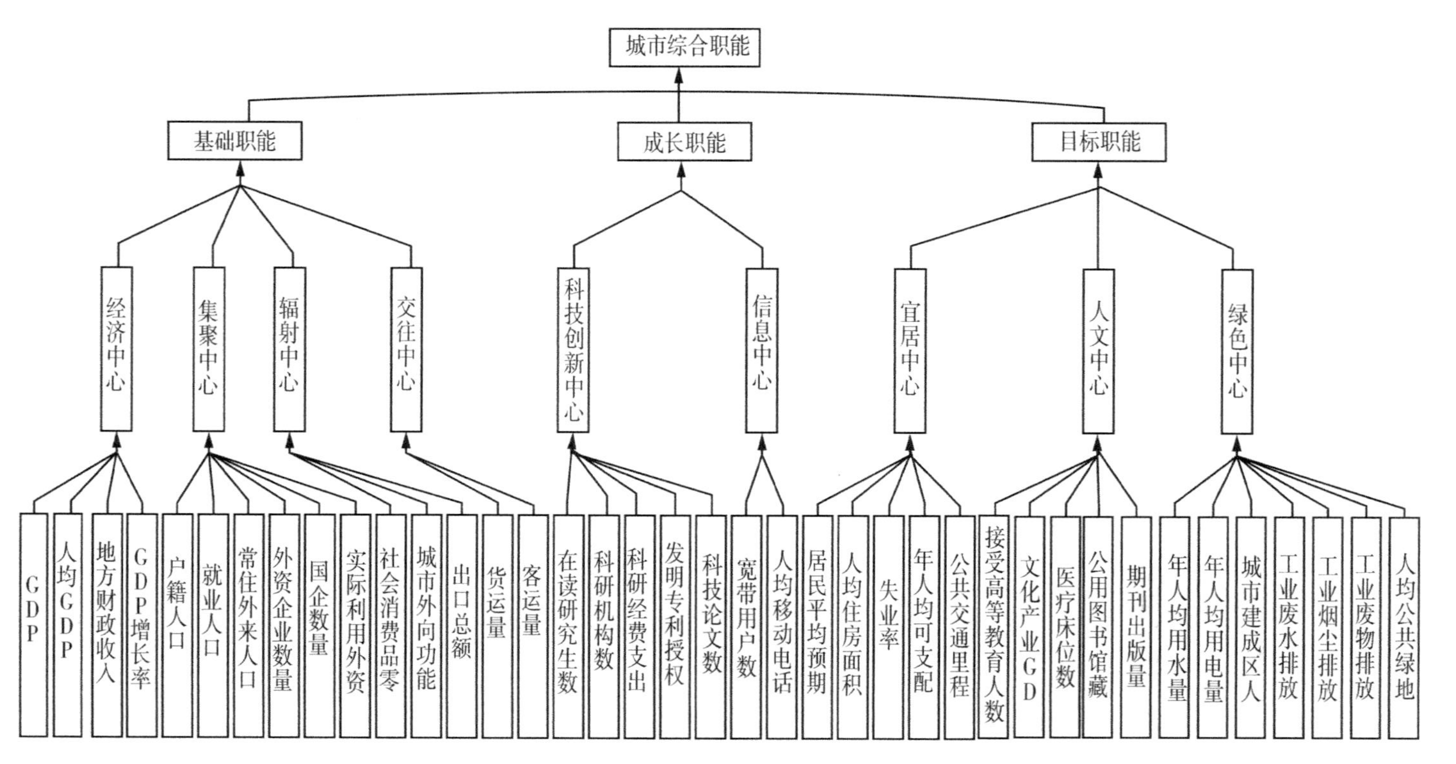

图4.40 国家中心城市职能评价判断矩阵

4.2.1.2　各层级的权重赋值及检验

判断矩阵的值直接反映了专家对各因素相对重要性的认识，本书一般采用 1~9 比例标度对重要性程度赋值，见表 4-11。

根据专家的权重打分平均数，对判断矩阵各层级的指标进行赋值，各层级赋值及检验结果见表 4-12~表 4-24。

表 4-11　　**层次分析法重要性标度含义表**

重要性标度	含　义
1	表示两个元素相比，具有同等重要性
3	表示两个元素相比，前者比后者稍重要
5	表示两个元素相比，前者比后者明显重要
7	表示两个元素相比，前者比后者强烈重要
9	表示两个元素相比，前者比后者极端重要
2，4，6，8	表示上述判断的中间值

表 4-12　　**国家中心城市综合职能权重分布表**

城市综合职能　判断矩阵一致性比例：0.0000；对总目标的权重：1.0000；\ lambda_{max}：3.0000

城市综合职能	基础职能	成长职能	目标职能	*Wi*
基础职能	1	2	2	0.5
成长职能	0.5	1	1	0.25
目标职能	0.5	1	1	0.25

表 4-13　　　　　　国家中心城市基础职能权重分布表

基础职能　判断矩阵一致性比例：0. 0162；对总目标的权重：0. 5000；

\ lambda_{max}：4. 0434

基础职能	经济中心	交往中心	辐射中心	集聚中心	*Wi*
经济中心	1	3	5	3	0. 5205
交往中心	0. 3333	1	3	1	0. 201
辐射中心	0. 2	0. 3333	1	0. 3333	0. 0776
集聚中心	0. 3333	1	3	1	0. 201

表 4-14　　　　　　国家中心城市成长职能权重分布表

成长职能　判断矩阵一致性比例：0. 0000；对总目标的权重：0. 2500；

\ lambda_{max}：2. 0000

成长职能	信息中心	科技创新中心	*Wi*
信息中心	1	0. 3333	0. 25
科技创新中心	3	1	0. 75

表 4-15　　　　　　国家中心城市目标职能权重分布表

目标职能　判断矩阵一致性比例：0. 0000；对总目标的权重：0. 2500；

\ lambda_{max}：3. 0000

目标职能	宜居中心	人文中心	绿色中心	*Wi*
宜居中心	1	1	1	0. 3333
人文中心	1	1	1	0. 3333
绿色中心	1	1	1	0. 3333

表 4-16　　　　　**国家中心城市经济指标权重分布表**

经济中心　判断矩阵一致性比例：0. 0162；对总目标的权重：0. 2602；

\ lambda_{max}：4. 0434

经济中心	人均 GDP	GDP	地方财政收入	GDP 增长率	*Wi*
人均 GDP	1	1	5	3	0. 3908
GDP	1	1	5	3	0. 3908
地方财政收入	0. 2	0. 2	1	0. 3333	0. 0675
GDP 增长率	0. 3333	0. 3333	3	1	0. 1509

表 4-17　　　　　**国家中心城市交往指标权重分布表**

交往中心　判断矩阵一致性比例：0. 0000；对总目标的权重：0. 1005；

\ lambda_{max}：2. 0000

交往中心	客运量	货运量	*Wi*
客运量	1	1	0. 5
货运量	1	1	0. 5

表 4-18　　　　　**国家中心城市辐射指标权重分布表**

辐射中心　判断矩阵一致性比例：0. 0370；对总目标的权重：0. 0388；

\ lambda_{max}：3. 0385

辐射中心	城市外向功能量	社会消费品零售总额	出口总额	*Wi*
城市外向功能量	1	5	3	0. 637
社会消费品零售总额	0. 2	1	0. 3333	0. 1047
出口总额	0. 3333	3	1	0. 2583

表 4-19　　国家中心城市集聚指标权重分布表

集聚中心　判断矩阵一致性比例：0.0061；对总目标的权重：0.1005；

\lambda_{max}：6.0387

集聚中心	常住外来人口	实际利用外资	就业人口	外资企业数量	国企数量	户籍人口	Wi
常住外来人口	1	1	0.3333	3	1	1	0.1411
实际利用外资	1	1	0.3333	3	1	1	0.1411
就业人口	3	3	1	5	3	3	0.3838
外资企业数量	0.3333	0.3333	0.2	1	0.3333	0.3333	0.0519
国企数量	1	1	0.3333	3	1	1	0.1411
户籍人口	1	1	0.3333	3	1	1	0.1411

表 4-20　　国家中心城市信息指标权重分布表

信息中心　判断矩阵一致性比例：0.0000；对总目标的权重：0.0625；

\lambda_{max}：2.0000

信息中心	人均移动电话数	宽带用户数	Wi
人均移动电话数	1	0.1429	0.125
宽带用户数	7	1	0.875

表 4-21　　国家中心城市科技创新指标权重分布表

科技创新中心　判断矩阵一致性比例：0.0124；对总目标的权重：0.1875；

\lambda_{max}：5.0555

科技创新中心	科研机构数	科技论文数	在读研究生数量	科研经费支出	发明专利授权量	Wi
科研机构数	1	0.3333	0.2	1	0.3333	0.0732
科技论文数	3	1	0.3333	3	1	0.1953
在读研究生数量	5	3	1	5	3	0.4631
科研经费支出	1	0.3333	0.2	1	0.3333	0.0732
发明专利授权量	3	1	0.3333	3	1	0.1953

表 4-22　　　　**国家中心城市宜居指标权重分布表**

宜居中心　判断矩阵一致性比例：0.0282；对总目标的权重：0.0833；

\ lambda_{max}：5.1264

宜居中心	失业率	居民平均预期寿命	年人均可支配收入	人均住房面积	公共交通里程	*Wi*
失业率	1	0.3333	1	5	3	0.2033
居民平均预期寿命	3	1	3	7	5	0.4656
年人均可支配收入	1	0.3333	1	5	3	0.2033
人均住房面积	0.2	0.1429	0.2	1	0.3333	0.0421
公共交通里程	0.3333	0.2	0.3333	3	1	0.0857

表 4-23　　　　**国家中心城市人文指标权重分布表**

人文中心　判断矩阵一致性比例：0.0124；对总目标的权重：0.0833；

\ lambda_{max}：5.0555

人文中心	文化产业 GDP	医疗床位数	公共图书馆藏书量	期刊出版量	接受高等教育人数	*Wi*
文化产业 GDP	1	3	3	5	1	0.3439
医疗床位数	0.3333	1	1	3	0.3333	0.1289
公共图书馆藏书量	0.3333	1	1	3	0.3333	0.1289
期刊出版量	0.2	0.3333	0.3333	1	0.2	0.0544
接受高等教育人数	1	3	3	5	1	0.3439

表 4-24　　　　**国家中心城市绿色指标权重分布表**

绿色中心　判断矩阵一致性比例：0.0078；对总目标的权重：0.0833；

\ lambda_{max}：7.0638

绿色中心	年人均用水量	年人均用电量	城市建成区人均占有量	工业废水排放量	工业烟尘排放量	人均公共绿地面积	工业废物排放量	*Wi*
年人均用水量	1	1	1	0.3333	0.3333	0.2	0.3333	0.0565
年人均用电量	1	1	1	0.3333	0.3333	0.2	0.3333	0.0565
建成区人均用地	1	1	1	0.3333	0.3333	0.2	0.3333	0.0565
工业废水排放量	3	3	3	1	1	0.3333	1	0.1558
工业烟尘排放量	3	3	3	1	1	0.3333	1	0.1558
人均公共绿地	5	5	5	3	3	1	3	0.3633
工业废物排放量	3	3	3	1	1	0.3333	1	0.1558

4.2.1.3 各职能评价因子的最终权重

基于上述各层级各指标的权重，通过层次分析法计算出最终各评价因子的权重，见表4-25。

表4-25 **国家中心城市职能评价因子最终权重分布表**

评价因子	权重	评价因子	权重
人均住房面积	0.0035	户籍人口	0.0142
社会消费品零售总额	0.0041	失业率	0.0169
期刊出版量	0.0045	年人均可支配收入	0.0169
年人均用水量	0.0047	地方财政收入	0.0176
年人均用电量	0.0047	城市外向功能量	0.0247
城市建成区人均占有量	0.0047	文化产业 GDP	0.0287
外资企业数量	0.0052	接受高等教育人数	0.0287
公共交通里程	0.0071	人均公共绿地面积	0.0303
人均移动电话数	0.0078	科技论文数	0.0366
出口总额	0.01	发明专利授权量	0.0366
医疗床位数	0.0107	就业人口	0.0386
公共图书馆藏书量	0.0107	居民平均预期寿命	0.0388
工业废水排放量	0.013	GDP 增长率	0.0393
工业烟尘排放量	0.013	客运量	0.0502
工业废物排放量	0.013	货运量	0.0502
科研机构数	0.0137	宽带用户数	0.0547
科研经费支出	0.0137	在读研究生数量	0.0868
常住外来人口	0.0142	人均 GDP	0.1017

续表

评价因子	权重	评价因子	权重
实际利用外资	0.0142	GDP	0.1017
国企数量	0.0142		

在本次评价中，权重系数最高的是 GDP 和人均 GDP，权重系数最低的是人均住房面积。对于评价因子的最终权重，可以理解为各项指标对于城市发展的贡献率。

4.2.2　各城市基础数据的无量纲化

在数据评价之前，由于各因子单位不统一，各因了直接相加没有意义，必须将数据标准化处理。首先，指标中存在正指标和负指标，必须改变负指标数据性质，使各指标作用力同趋化。其次，将所有指标无量纲化处理，将原始数据均转换为统一测评值，即将各指标值都处理成统一的量化指标，便于下一步的综合测评分析。数据无量纲化的常用方法有“临界值法”和“标准化法”。由于“标准化法”处理的数据最后都被处理成 0 或 1，丢失了原始数据信息，会导致综合评价的结果不准确，因此选用“临界值法”方法进行无量纲化处理。

“临界值”方法是对原始数据进行线性变换。将评价因子 A 的最小值和最大值分别定为 Min-A 和 Max-A，为反映因子 A 在整个因子层的位置，将 A 的原始值通过 Max-Min 映射成在区间[0，1]中的值，即为属性 A 的无量纲化结果，其公式为：

$$\text{无量纲化值}=\frac{\text{原数据}-\text{极小值}}{\text{极大值}-\text{极小值}}$$

在本次评价中，有部分因子属于逆指标，需将其负指标化，这些指标包括失业率、年人均用水量、年人均用电量、城市建成区人均占有量、工业废水排放量、工业烟尘排放量、工业废物排放量 7 个因子。最后通过“最小—最大标准化”得到的无量纲化数据，见表 4-26。

表 4-26 **2011 年中国主要中心城市评价因子无量纲化处理结果一览表**

维度层	领域层	指标层	因子层	武汉	北京	上海	广州	天津	重庆	沈阳	南京	成都	西安	深圳
基础职能	经济发展中心	经济总量	GDP(亿元)	0.185	0.804	1.000	0.557	0.485	0.400	0.133	0.146	0.192	0.000	0.498
			人均 GDP(万元)	0.440	0.627	0.640	0.840	0.667	0.000	0.507	0.547	0.187	0.133	1.000
			地方财政收入(亿元)	0.209	0.856	1.000	0.129	0.299	0.313	0.000	0.007	0.022	0.011	0.356
		经济增长	GDP 增长率(%)	0.470	0.000	0.012	0.566	1.000	1.000	0.506	0.470	0.831	0.687	0.229
	集聚中心	人口集聚	户籍人口(万人)	0.183	0.327	0.376	0.176	0.239	1.000	0.147	0.121	0.291	0.170	0.000
			就业人口(万人)	0.068	0.551	0.381	0.271	0.288	1.000	0.000	0.042	0.297	0.068	0.288
			常住外来人口(万人)	0.125	0.773	1.000	0.466	0.341	0.330	0.045	0.125	0.648	0.000	0.818
		经济集聚	外资企业数量	0.158	0.109	0.113	0.283	0.159	0.139	0.112	0.075	0.000	0.017	1.000
			国企数量(个)	0.006	0.964	1.000	0.554	0.651	0.518	0.172	0.139	0.000	0.155	0.978
			实际利用外资(亿美元)	0.161	0.446	0.946	0.214	1.000	0.768	0.313	0.143	0.411	0.000	0.232
	辐射中心	经济辐射	社会消费品零售总额(亿元)	0.215	1.000	0.980	0.663	0.290	0.308	0.093	0.148	0.181	0.000	0.314

续表

维度层	领域层	指标层	因子层	武汉	北京	上海	广州	天津	重庆	沈阳	南京	成都	西安	深圳
基础职能	辐射中心	经济辐射	城市外向功能量(万人)	0.038	1.000	0.302	0.127	0.057	0.014	0.033	0.024	0.000	0.047	0.099
			出口总额(亿美元)	0.029	0.225	0.853	0.213	0.379	0.063	0.000	0.108	0.076	0.032	1.000
	交往中心	物流	货运量(万吨)	0.289	0.070	0.952	0.578	0.310	1.000	0.000	0.212	0.194	0.256	0.123
		人流	客运量(万人)	0.052	0.850	0.000	0.332	0.050	0.819	0.092	0.167	0.540	0.110	1.000
潜在职能	科技创新中心	科技储备	在读研究生数量(万人)	0.364	1.000	0.682	0.227	0.136	0.136	0.091	0.318	0.227	0.273	0.000
		科技投入	科研机构数量(个)	0.095	0.658	0.274	0.096	0.118	0.177	0.126	0.261	0.000	1.000	0.973
			科研经费支出(亿元)	0.263	0.495	1.000	0.373	0.481	0.000	0.155	0.289	0.202	0.307	0.760
		科技成果	发明专利授权量(个)	0.051	1.000	0.521	0.091	0.052	0.000	0.256	0.114	0.038	0.457	0.709
			科技论文数(篇)	0.152	1.000	0.870	0.103	0.267	0.198	0.018	0.452	0.000	0.144	0.151
	信息中心	信息化	宽带用户(万户)	0.145	0.550	0.565	0.400	1.000	0.265	0.000	0.145	0.070	0.040	0.190
			人均移动电话数(个/人)	0.456	0.464	0.362	0.886	0.242	0.000	0.341	0.435	0.373	0.813	1.000

续表

维度层	领域层	指标层	因子层	武汉	北京	上海	广州	天津	重庆	沈阳	南京	成都	西安	深圳
目标职能	宜居中心	居住	居民平均预期寿命	0.333	0.556	1.000	0.444	0.556	0.111	0.333	0.333	0.333	0.000	0.222
			人均住房面积(平方米)	0.455	0.376	0.000	0.152	0.485	0.485	0.333	0.364	1.000	0.364	0.333
		就业	失业率(%)	-1.000	0.000	-0.875	-0.844	-0.688	-0.656	-0.500	-0.406	-0.500	-0.813	-0.250
		收入	年人均可支配收入(元)	0.215	0.779	0.983	0.871	0.595	0.000	0.191	0.736	0.227	0.355	1.000
		出行	公共交通里程(公里)	0.149	0.841	1.000	0.379	0.488	0.299	0.043	0.051	0.030	0.000	0.262
	人文中心	精神形态	接受高等教育人数(万人)	0.446	1.000	0.674	0.000	0.275	0.457	0.167	0.156	0.399	0.225	0.196
		管理形态	文化产业GDP(亿元)	1.000	0.890	0.202	0.355	0.024	0.000	0.706	0.630	0.199	0.615	0.131
			医疗床位数(张)	0.367	0.700	0.699	0.467	0.240	1.000	0.239	0.131	0.544	0.200	0.000
		物质形态	公共图书馆藏书量(万册)	1.000	0.379	0.559	0.016	0.021	0.002	0.000	0.035	0.040	0.365	0.132
			期刊出版量(亿册)	0.277	1.000	0.158	0.149	0.020	0.030	0.010	0.089	0.099	0.040	0.000
	绿色中心	资源节约	年人均用水量(立方米)	-0.403	-1.000	-0.758	-0.581	-0.173	0.000	-0.169	-0.621	-0.117	-0.194	-0.492

续表

维度层	领域层	指标层	因子层	武汉	北京	上海	广州	天津	重庆	沈阳	南京	成都	西安	深圳
目标职能	绿色中心	资源节约	年人均用电量(千瓦时)	-0.319	-1.000	-0.935	-0.781	-0.665	0.000	-0.185	-0.529	-0.152	-0.076	-0.581
			城市建成区人均占有量(平方米)	-0.466	-0.852	-0.841	-1.000	-0.727	-0.352	-0.170	-0.523	-0.182	0.000	-0.125
		环境保护	工业废水排放量(亿吨)	-0.421	-0.053	-1.000	-0.447	-0.342	-0.711	0.000	-0.474	-0.158	-0.158	-0.105
			工业烟尘排放量(万吨)	-0.174	-0.116	-0.391	-0.101	-0.841	-1.000	-0.058	-0.246	-0.014	-0.014	0.000
			工业废物排放量(万吨)	-0.388	-0.309	-0.719	-0.164	-0.507	-1.000	-0.178	-0.516	-0.120	-0.045	0.000
			人均公共绿地面积(平方米)	0.417	0.833	0.667	0.833	0.417	1.000	0.583	0.583	0.000	0.417	1.000

4.2.3 城市职能的综合评价结果

基于各因子的权重和个城市基础数据的无量纲化结果，计算出各城市各因子的得分情况，见表4-27。最后通过加权叠加，计算出各城市的职能综合评价指数。

对上述数据进行叠加，即得到各城市职能综合评价指数，表4-28。

如图4.41所示，通过对11个城市职能综合评价的比较分析，北京城市职能综合度最高，其次是上海，深圳超越3个国家中心城市(广州、天津和重庆)而位于第三位，广州、天津和重庆分列第四、五、六位，南京、武汉、成都、沈阳和西安分列第七、八、九、十、十一位。

表 4-27 **2011 年中国主要中心城市职能评价因子最终评价结果一览表**

因子层	武汉	北京	上海	广州	天津	重庆	沈阳	南京	成都	西安	深圳
GDP(亿元)	0.01883	0.08181	0.10170	0.05662	0.04933	0.04071	0.01352	0.01485	0.01949	0.00000	0.05065
人均 GDP(万元)	0.04475	0.06373	0.06509	0.08543	0.06780	0.00000	0.05153	0.05560	0.01898	0.01356	0.10170
地方财政收入(亿元)	0.00367	0.01507	0.01760	0.00228	0.00525	0.00551	0.00000	0.00013	0.00038	0.00019	0.00627
GDP 增长率(%)	0.01847	0.00000	0.00047	0.02225	0.03930	0.03930	0.01989	0.01847	0.03267	0.02699	0.00900
户籍人口(万人)	0.00260	0.00464	0.00534	0.00251	0.00339	0.01420	0.00209	0.00172	0.00413	0.00241	0.00000
就业人口(万人)	0.00262	0.02126	0.01472	0.01047	0.01112	0.03860	0.00000	0.00164	0.01145	0.00262	0.01112
常住外来人口(万人)	0.00178	0.01097	0.01420	0.00662	0.00484	0.00468	0.00065	0.00178	0.00920	0.00000	0.01162
外资企业数量	0.00082	0.00057	0.00059	0.00147	0.00083	0.00072	0.00058	0.00039	0.00000	0.00009	0.00520
国企数量(个)	0.00008	0.01369	0.01420	0.00787	0.00924	0.00736	0.00244	0.00197	0.00000	0.00220	0.01389
实际利用外资(亿美元)	0.00228	0.00634	0.01344	0.00304	0.01420	0.01090	0.00444	0.00203	0.00583	0.00000	0.00330
社会消费品零售总额(亿元)	0.00305	0.01420	0.01391	0.00942	0.00412	0.00438	0.00132	0.00210	0.00256	0.00000	0.00446
城市外向功能量(万人)	0.00093	0.02470	0.00746	0.00315	0.00140	0.00035	0.00082	0.00058	0.00000	0.00117	0.00245
出口总额(亿美元)	0.00029	0.00225	0.00853	0.00213	0.00379	0.00063	0.00000	0.00108	0.00076	0.00032	0.01000
货运量(万吨)	0.01453	0.00350	0.04780	0.02899	0.01557	0.05020	0.00000	0.01064	0.00973	0.01284	0.00616
客运量(万人)	0.00263	0.04267	0.00000	0.01667	0.00250	0.04113	0.00460	0.00840	0.02710	0.00550	0.05020

续表

因子层	武汉	北京	上海	广州	天津	重庆	沈阳	南京	成都	西安	深圳
在读研究生数量（万人）	0. 03156	0. 08680	0. 05918	0. 01973	0. 01184	0. 01184	0. 00789	0. 02762	0. 01973	0. 02367	0. 00000
科研机构数量(个)	0. 00130	0. 00901	0. 00375	0. 00132	0. 00161	0. 00243	0. 00172	0. 00358	0. 00000	0. 01370	0. 01333
科研经费支出(亿元)	0. 00360	0. 00678	0. 01370	0. 00511	0. 00659	0. 00000	0. 00212	0. 00396	0. 00277	0. 00420	0. 01041
发明专利授权量(个)	0. 00188	0. 03660	0. 01905	0. 00335	0. 00189	0. 00000	0. 00938	0. 00416	0. 00140	0. 01673	0. 02595
科技论文数(篇)	0. 00555	0. 03660	0. 03185	0. 00375	0. 00977	0. 00726	0. 00065	0. 01653	0. 00000	0. 00527	0. 00552
宽带用户(万户)	0. 00795	0. 03010	0. 03092	0. 02190	0. 05470	0. 01452	0. 00000	0. 00795	0. 00385	0. 00221	0. 01042
人均移动电话数（个/人）	0. 00355	0. 00362	0. 00283	0. 00691	0. 00189	0. 00000	0. 00266	0. 00339	0. 00291	0. 00634	0. 00780
居民平均预期寿命	0. 01293	0. 02156	0. 03880	0. 01724	0. 02156	0. 00431	0. 01293	0. 01293	0. 01293	0. 00000	0. 00862
人均住房面积（平方米）	0. 00159	0. 00132	0. 00000	0. 00053	0. 00170	0. 00170	0. 00117	0. 00127	0. 00350	0. 00127	0. 00117
失业率(%)	-0. 01690	0. 00000	-0. 01479	-0. 01426	-0. 01162	-0. 0110[illegible]	-0. 00845	-0. 00687	-0. 00845	-0. 01373	-0. 00423
年人均可支配收入(元)	0. 00363	0. 01317	0. 01662	0. 01472	0. 01006	0. 00000	0. 00323	0. 01244	0. 00384	0. 00599	0. 01690
公共交通里程(公里)	0. 00105	0. 00597	0. 00710	0. 00269	0. 00347	0. 00212	0. 00031	0. 00036	0. 00022	0. 00000	0. 00186
接受高等教育人数（万人）	0. 01279	0. 02870	0. 01934	0. 00000	0. 00790	0. 01310	0. 00478	0. 00447	0. 01144	0. 00645	0. 00562
文化产业 GDP(亿元)	0. 02870	0. 02554	0. 00579	0. 01018	0. 00070	0. 00000	0. 02027	0. 01808	0. 00570	0. 01764	0. 00377

续表

因子层	武汉	北京	上海	广州	天津	重庆	沈阳	南京	成都	西安	深圳
医疗床位数(张)	0.00392	0.00749	0.00748	0.00500	0.00257	0.01070	0.00256	0.00140	0.00582	0.00214	0.00000
公共图书馆藏书量(万册)	0.01070	0.00406	0.00598	0.00018	0.00023	0.00002	0.00000	0.00037	0.00042	0.00391	0.00141
期刊出版量(亿册)	0.00125	0.00450	0.00071	0.00067	0.00009	0.00013	0.00004	0.00040	0.00045	0.00018	0.00000
年人均用水量(立方米)	−0.00190	−0.00470	−0.00356	−0.00273	−0.00081	0.00000	−0.00080	−0.00292	−0.00055	−0.00091	−0.00231
年人均用电量(千瓦时)	−0.00150	−0.00470	−0.00440	−0.00367	−0.00312	−0.00000	−0.00087	−0.00249	−0.00072	−0.00036	−0.00273
城市建成区人均占有量(平方米)	−0.00219	−0.00401	−0.00395	−0.00470	−0.00342	−0.00166	−0.00080	−0.00246	−0.00085	0.00000	−0.00059
工业废水排放量(亿吨)	−0.00547	−0.00068	−0.01300	−0.00582	−0.00445	−0.00924	0.00000	−0.00616	−0.00205	−0.00205	−0.00137
工业烟尘排放量(万吨)	−0.00226	−0.00151	−0.00509	−0.00132	−0.01093	−0.01300	−0.00075	−0.00320	−0.00019	−0.00019	0.00000
工业废物排放量(万吨)	−0.00505	−0.00402	−0.00934	−0.00213	−0.00659	−0.01300	−0.00231	−0.00671	−0.00156	−0.00059	0.00000
人均公共绿地面积(平方米)	0.01263	0.02525	0.02020	0.02525	0.01263	0.03030	0.01768	0.01768	0.00000	0.01263	0.03030

表 4-28　**2011 年中国主要中心城市职能综合评价指数一览表**

职能层	西安	沈阳	成都	武汉	南京	重庆	天津	广州	深圳	上海	北京
经济发展中心	0. 0407	0. 0849	0. 0715	0. 0857	0. 089	0. 0855	0. 1617	0. 1666	0. 1676	0. 1849	0. 1606
集聚中心	0. 0073	0. 0102	0. 0306	0. 0102	0. 0095	0. 0765	0. 0436	0. 032	0. 0451	0. 0625	0. 0575
辐射中心	0. 0015	0. 0021	0. 0033	0. 0043	0. 0038	0. 0054	0. 0093	0. 0147	0. 0169	0. 0299	0. 0412
交往中心	0. 0183	0. 0046	0. 0271	0. 0172	0. 019	0. 0913	0. 0181	0. 0457	0. 0564	0. 0478	0. 0462
科技创新中心	0. 0636	0. 0218	0. 0239	0. 0439	0. 0559	0. 0215	0. 0317	0. 0333	0. 0552	0. 1275	0. 1758
信息中心	0. 0086	0. 0027	0. 0068	0. 0115	0. 0113	0. 0145	0. 0566	0. 0288	0. 0182	0. 0337	0. 0337
宜居中心	−0. 0065	0. 0092	0. 012	0. 0023	0. 0201	−0. 003	0. 0252	0. 0209	0. 0243	0. 0477	0. 042
人文中心	0. 0303	0. 0277	0. 0238	0. 0574	0. 0247	0. 024	0. 0115	0. 016	0. 0108	0. 0393	0. 0703
绿色中心	0. 0085	0. 0121	−0. 0059	−0. 0057	−0. 0063	−0. 0066	−0. 0167	0. 0049	0. 0233	−0. 0191	0. 0056
综合评价结果	0. 1724	0. 1753	0. 1932	0. 2267	0. 2272	0. 3091	0. 3409	0. 3628	0. 4178	0. 5542	0. 6328
综合排名	11	10	9	8	7	6	5	4	3	2	1

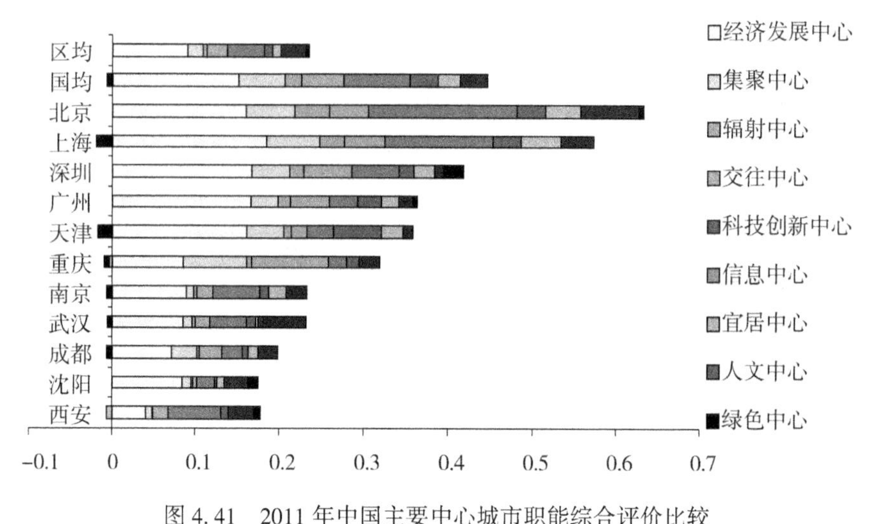

图 4.41　2011 年中国主要中心城市职能综合评价比较

国家中心城市的综合职能平均指数(简称国均)为 0.44，只有北京、上海处于平均水平之上，5 个国家中心城市的发展不均衡，北京(排名第一)综合得分是重庆(排名第六)的 2 倍，北京、上海与其他 3 个城市的发展差距较大。

区域中心城市的综合职能平均指数(简称区均)为 0.24，6 个城市中，只有深圳处于平均水平之上，南京、武汉接近平均水平。总体而言，区域中心城市中除了深圳之外(已达到国家中心城市标准)，另外 5 个城市发展状况较为接近。

另外，从职能维度来看，如图 4.42 所示，目前 11 个城市都非常重视基础职能的建设，其次是成长职能，最后是目标职能。说明目前中国大多数城市仍然将重心放在经济扩张上，对创新的投入相对较少，对绿色和人文方面的关注更少。这与世界城市的发展重点不同，世界城市更关注创新、人文、宜居和绿色建设。

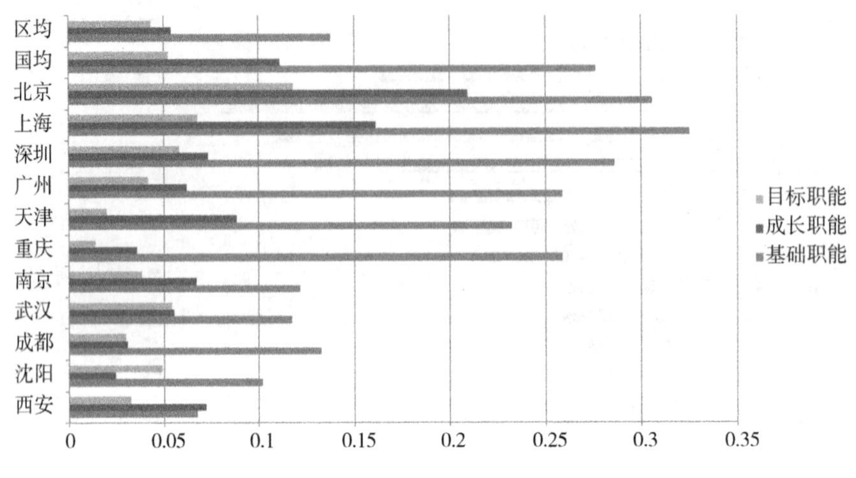

图 4.42　2011 年中国主要中心城市职能维度分布情况

4.3　武汉城市职能分析和判定

从整体角度来看，武汉与国家中心城市平均水平相差较大。武汉在区域中心城市中位列第三(仅次于深圳和南京)，深圳已经达到国家中心城市水平，南京相对于武汉的优势十分微弱，而且武汉相对于西安、成都和沈阳，具有较大的领先。因此，武汉建设国家中心城市具有较强的竞争力，但也存在强劲的对手。武汉在建设国家中心城市的过程中，必须根据自身的优劣势，明确自身的核心职能定位，做到有的放矢。

如图 4.43、表 4-29 所示，从平均职能水平来看，武汉有 8 项与国家中心城市平均水平差距较大，说明武汉在各方各面与国家中心城市都有差距；但武汉也有 6 项超过区域中心城市平均水平(深圳除外)，说明武汉在区域中心城市中发展态势良好，有相对优势。武汉在建设国家中心城市的过程中优势、劣势并存，必须针对性地选择重点职能进行发展。

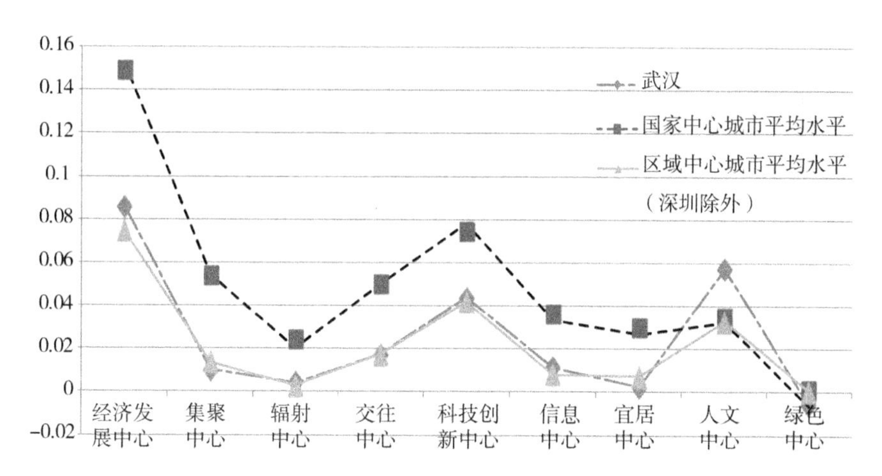

图 4.43 武汉各项职能与中心城市平均水平比较

表 4-29 **武汉各项职能与国家中心城市平均水平比较**

职能层	武汉	国家中心城市平均水平	区域中心城市平均水平（深圳除外）	武汉职能排名（11 个城市）
经济发展中心	0.0857	0.1518	0.0744	7
集聚中心	0.0102	0.0544	0.0136	9
辐射中心	0.0043	0.0201	0.0030	7
交往中心	0.0172	0.0498	0.0172	10
科技创新中心	0.0439	0.0780	0.0418	6
信息中心	0.0115	0.0335	0.0082	7
宜居中心	0.0023	0.0266	0.0074	9
人文中心	0.0574	0.0322	0.0328	2
绿色中心	-0.0057	-0.0064	0.0006	6
综合评价结果	0.2267	0.4400	0.1989	8

如图 4. 44~图 4. 52 所示，从分项职能来看，武汉的经济发展在区域中心城市中有微弱优势，经济职能有潜在的国家性，未来可能成长为国家中部经济中心；武汉的集聚能力相对较弱，落后于众多城市，集聚职能只具有区域属性；武汉的辐射能力在区域中心城市中有相对优势

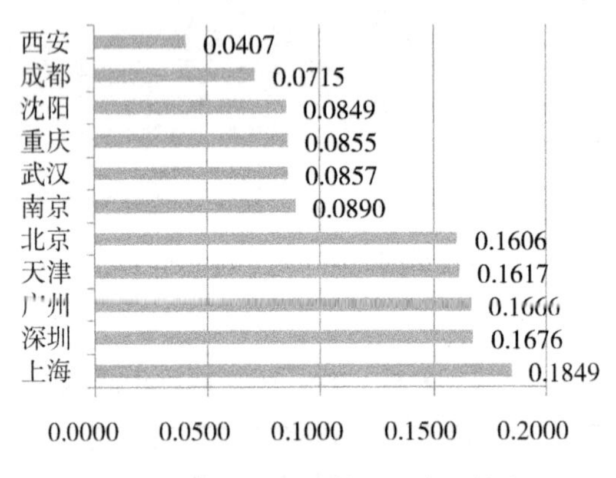

图 4. 44　2011 年经济发展水平排名

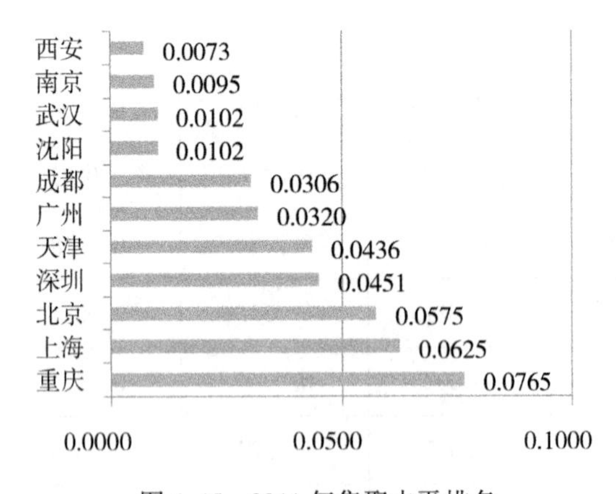

图 4. 45　2011 年集聚水平排名

(深圳除外)，但与国家中心城市水平相差较远，辐射职能有潜力成为国家性职能；武汉的交往水平相对较差，对人流和物流的吸纳吞吐量相对不足，目前只具备区域性，但武汉拥有国家级的交通基础设施，未来将成长为国家级交通枢纽；武汉的科技创新能力较强，超越了广州和天

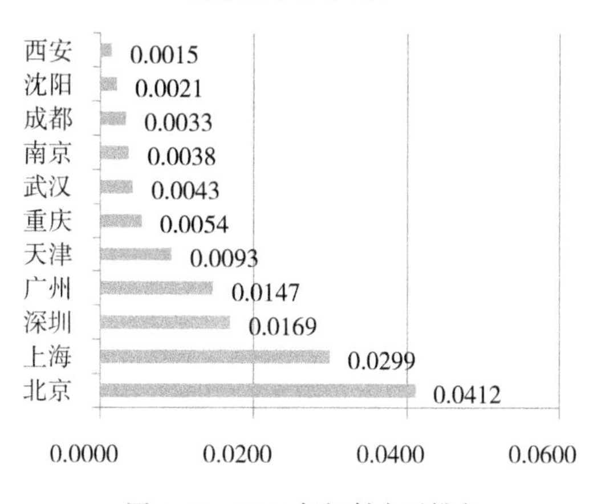

图 4.46　2011 年辐射水平排名

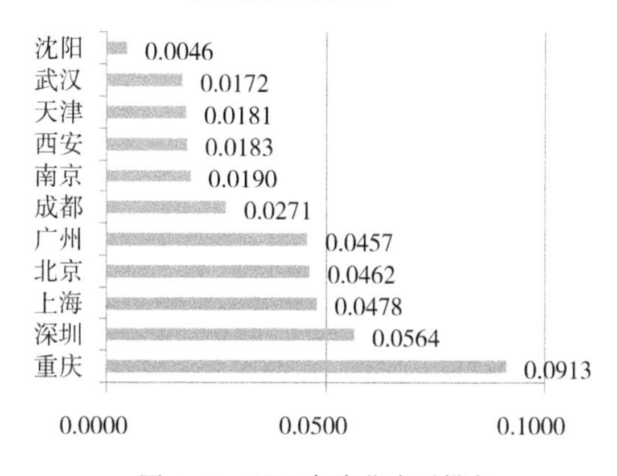

图 4.47　2011 年交往水平排名

津等国家中心城市，有潜力成长为国家性职能；武汉的信息化水平在区域中心城市中有相对优势，有潜力成长为国家性职能；武汉的宜居水平较低，与其他国家中心城市和区域中心城市相比，有较大差距，宜居职

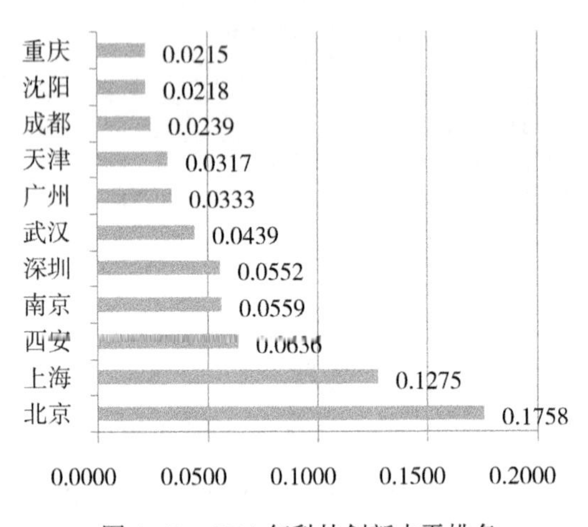

图 4.48　2011 年科技创新水平排名

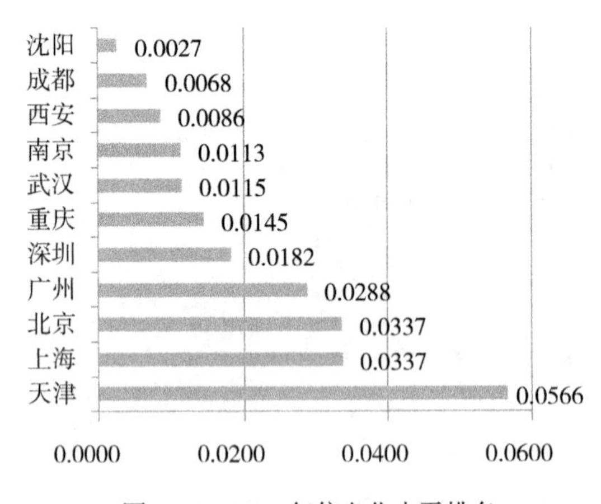

图 4.49　2011 年信息化水平排名

能不明显；武汉的人文发展已经达到甚至超越国家中心城市水平，人文职能具有全国性；武汉在绿色建设方面还有待提升，虽然相对上海、天津、重庆等国家中心城市领先，但与国家领先水平还有较大差距，武汉绿色职能目前仅具有区域性属性。

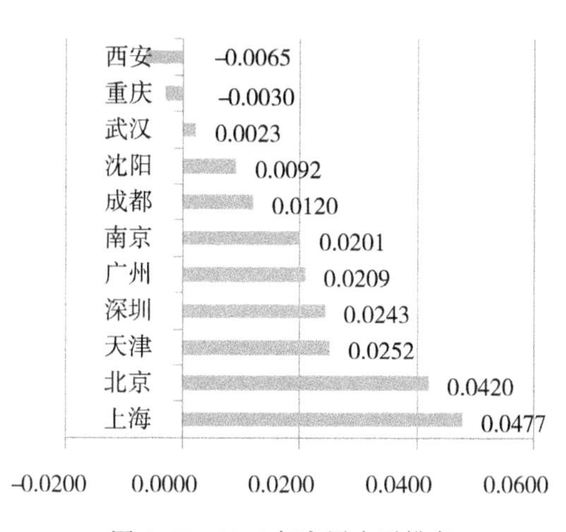

图 4.50　2011 年宜居水平排名

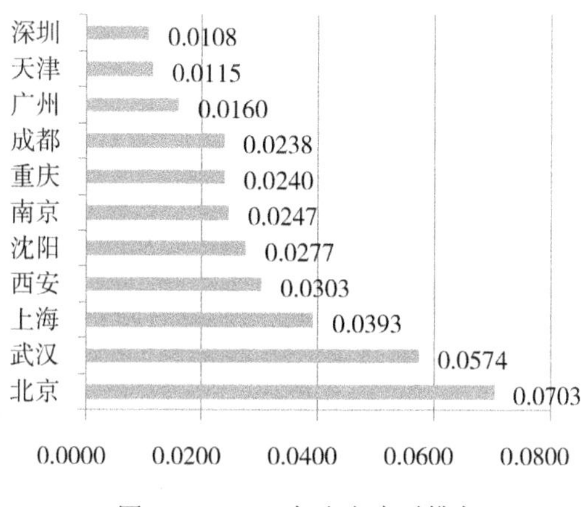

图 4.51　2011 年人文水平排名

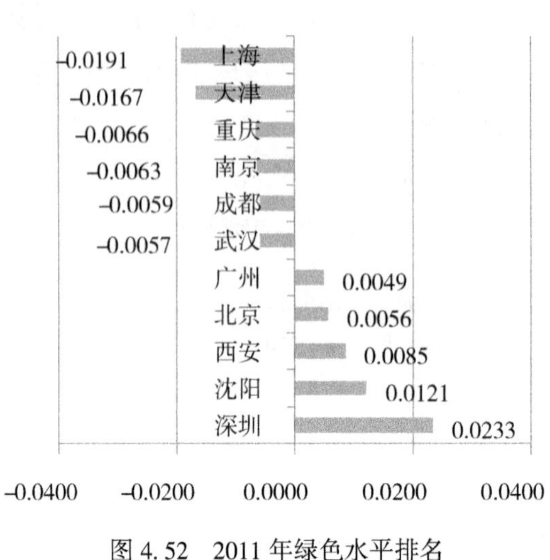

图 4.52　2011 年绿色水平排名

4.3.1　武汉建设国家中心城市的劣势职能

基于武汉城市发展史和上述职能评价体系和结果，目前武汉建设国家中心城市的劣势职能有：集聚能力不强，交往水平不高，宜居水平较低，城市环境较恶劣。下面将逐一进行分析。

4.3.1.1　集聚能力不强

武汉集聚能力不强，未能形成巨大的经济效应和对中部地区的向心力，严重制约着武汉的进一步扩张和规模提升，是武汉走向国家中心城市的最大瓶颈。集聚能力不强，主要是由于产业结构不合理和腹地、城市群支持不够两方面的原因造成的。

1. 产业结构不合理

随着经济的发展，城市第三产业(即服务业)比重将逐步提高，伦敦、东京、纽约等世界城市服务业的比重都在 70%以上[26]。第三产业所占比例越高，城市的服务功能越强，城市对区域产业吸引力越强，对人口的吸引力也越强。目前，武汉的第二产业所占比重过大，第三产业比重较低，城市服务功能不足，对区域经济缺乏吸引力，是导致城市集聚能力不强的重要原因。

武汉第三产业发展存在一些问题，导致城市服务业发展较慢。首先，第三产业结构不优，传统服务业(批发零售贸易、餐饮业、交通运输业等)仍占据主导地位，新兴高附加值服务行业发展不足。武汉市服务业中的旅游、会展、中介咨询、现代物流、商务服务等行业虽然有所起色，但距离国家中心城市水平还相差甚远，不足以构成城市的支柱产业。其次，第三产业的产业关联度不高，生产性服务业发展滞后。生产性服务业是制造业产业升级的加速器、助推器，制造业是生产性服务业发展的基础和支撑，二者相辅相成，相互促进[61]。服务业与制造业的关系愈密切，产业互动作用愈明显，经济集聚效应越显著。武汉的生活性服务业(包括商业、餐饮业等)发展较好，但是生产性服务业(金融、物流、技术服务等)发展滞后，进而导致武汉制造业升级较慢，产品附加值较低。

2. 腹地和城市群支持不够

中心城市的发展与其腹地和城市群的发展状况密切相关。腹地和城市群为中心城市提供人力、物力、财力等资源，腹地和城市群经济发展状况越好，中心城市可集聚能量越多。武汉市的腹地和依附的城市圈发展情况并不理想。武汉市的直接经济腹地仅限于湖北省，湖北省经济总量(2011 年数据)与其他区域性中心城市所在的省份(广东、江苏、四川等)相差较大，见表 4-30。

武汉所依附的城市圈——武汉城市圈，无论是城市数量还是经济发展水平，与其他区域中心城市所依附的城市圈均不在一个级别上。虽然在中部地区还有长株潭城市群、中原城市群、皖江城市带、太原城市圈和环鄱阳湖城市群，但大多各自为政，经济联系有限，并未形成统一协调的城市连绵区。武汉城市圈领衔的中部城市群没有形成合力，与京津冀城市群、长三角城市群、珠三角城市群相比，规模和能级相距甚远，不能为武汉建设国家中心城市提供足够的支持。

表 4-30　　**2011 年各地区 GDP 总量排名**

排序	省/自治区/直辖市	2011 年 GDP（亿元）	排序	省/自治区/直辖市	2011 年 GDP
1	广东	52673	11	上海	19195
2	江苏	48604	12	福建	17410
3	山东	45429	13	北京	16000
4	浙江	32000	14	安徽	15110
5	河南	27232	15	内蒙古	14246
6	河北	24228	16	黑龙江	12503
7	辽宁	22025	17	陕西	12391
8	四川	21026	18	广西	11714
9	湖南	19635	19	江西	11583
10	湖北	19594	20	天津	11190

资料来源：《中国统计年鉴》(2012)。

4. 3. 1. 2　交往水平不高

武汉 2011 年货运量基本达到国家中心城市标准，但城市交往水平仍不高。其原因不是由于交通基础设施落后，而是由于城市参与区域经济建设力度不够，特别对人流依赖性较强的第三产业建设不够，直接导致城市客运量的不足。货物流通量大，说明武汉的制造业和物流业发展良好，但客运量不足，说明城市参与区域经济建设活动不够频繁，城市交往能力仍显不足。武汉要积极参与区域经济发展，加强城市交往能力，努力成为经济活动的终点站，而不是中转站。

武汉拥有得天独厚的交通基础设施，武汉是中国四大铁路枢纽、联系东南西北四方的高速公路节点、长江中游航运中心、华中地区航空中心。武汉 2011 年货运量几乎达到国家中心城市水平，领先其他区域中心城市，城市货物吞吐能力较强。

武汉之所以交往能力不足，是因为武汉 2011 年城市客运量远落后于多个国家中心城市，在区域中心城市中处于末位。武汉是集铁路、水路、公路、航空于一体的交通枢纽，交通基础设施良好，但目前的客运量远落后于其他城市，说明武汉参与和引领区域发展的经济活动不够多，城市组织协调区域发展的能动性较差，具体表现为对人流依赖性较强的第三产业发展相对滞后。在未来的建设中，武汉应加强城市的第三产业建设(特别是外向性产业部门)，积极参与区域经济建设，提升城市交往能力。

4.3.1.3 宜居水平较低

城市宜居水平较低主要是由于城市失业率高、城市居民收入较低和城市公共交通体系不健全三方面的原因造成的。

1. 失业率较高

武汉在过去计划经济体制下，拥有大批的国有企业，实行的是“低工资，高就业”的就业政策，失业问题并不突出。但随着计划经济体制向市场经济体制的转变，武汉失业率开始走高，就业压力变大。究其原因，主要有三方面：首先是武汉市人口基数大，每年新增劳动力多，高校毕业生多，造成就业竞争激烈。其次是武汉市产业结构不合理，提供就业岗位能力不足。武汉市企业中，吸纳劳动力能力强的小企业、私营企业比重小，而有大量富余人员的国有大中型企业所占比重大[62]。最后是武汉存在结构性失业问题，武汉高新技术产业的兴起给传统产业带来了强烈的冲击，市场资金开始由传统产业流向高新产业，大批传统产业开始倒闭。但是传统产业流出的劳动者不能满足高新产业的需求，于是城市失业人数开始上升。

2. 居民收入低

居民可支配收入较低，消费能力有限，主要存在三个方面的原因：

首先是武汉高附加值产业不足，人均产值较低，城市整体生产力不强。其次是居民收入结构比较单一，过分依赖政策性增资，居民自主创收能力不强[63]。最后是社会再分配体系的缺失，武汉社会保障覆盖面较小，保障资金来源不足，管理水平不健全，不能够通过税收的转移支付来有效地调节社会收入水平。

3. 公共交通体系不健全

武汉公共交通结构失调。虽然武汉公共交通方式比较齐全，有公共汽电车、轨道交通、小公共汽车、出租车和轮渡等，但由于轨道交通仍然处于建设阶段，导致轨道交通等快速公共交通方式在全城覆盖率小，服务范围极其局限[64]。公众公共交通出行选择较少，出行时间也较长。

4. 3. 1. 4　绿色水平不高

绿色发展是城市未来的必然之路，也是国家中心城市的必然选择。武汉目前绿色建设不理想，城市环境较为恶劣，在节能减排、污染治理方面并未产生示范作用，不能带动周边城市走可持续发展之路。

城市绿色水平不高主要是由于城市生态建设较滞后和城市环境污染较严重两方面的原因造成的。生态建设滞后，人均公共绿地较少；武汉环境保护力度在 11 个城市中相对不足，城市工业“三废”排放量较大。在未来的城市建设中，武汉应加强“三废”循环利用能力，减少对环境的污染，保护优良的生态资源，增加城市绿化，建设更加宜人的城市环境。

1. 生态建设滞后

当前武汉湖泊、湿地、山体萎缩较严重，城市公共绿地不足，城市生态系统的功能受到较大影响。虽然目前武汉市总体规划提出“两轴两环，六楔多廊”的生态框架体系，但在生态建设方面，仍缺乏实质性措施。城市“填湖造市”情况较为严重(20 世纪下半叶 50 年中，武汉中心城区湖泊减少了 2/3，其中前 40 年湖泊大约以每年 4 个的速度消失，后10年的消失速度也近一年1个，就连保护最为严密的东湖，近20年水面也被填占1094亩），湖泊面积压缩；再加上部分水系污染与富营养化，鸟类、鱼类等生物资源的数量明显减少；许多湿地也在逐渐消失，增大了城市防洪排涝和抗旱压力；城市山体不断被侵占，森林资源也在不断减少。此外，由于城市周边人口密集，林地面积不断减少，城市净化空气能力也在降低[65]。

2. 环境污染较严重

城市环境污染主要体现在水污染、噪声污染和空气污染三方面。武汉污水处理设施建设进展缓慢，湖泊污染严重，武汉市内已检测的污染较为严重的70个主要湖泊中，有26个湖泊水质为V类，占总数的51.40%[66]。武汉城市环境噪声污染比较显著，武汉正处于基础设施的高峰建设期，建筑施工噪声污染严重；交通缺乏管制，交通噪声问题已成为重要民生问题。2011年武汉空气环境质量基本上达到了国家二级标准，空气优良天数为306天，与生态城市的相关标准330天相比，还有一定的差距。

4.3.2 武汉建设国家中心城市的优势职能

基于武汉城市发展史和上述职能评价体系和结果，结合武汉的历史性职能，目前武汉建设国家中心城市的优势主要有区位交通优势，制造业优势，商贸优势，科教优势，医疗服务优势，人文优势。

4.3.2.1 交往优势——交通区位

武汉素有“九省通衢”之称，占据中国的地理中心位置，距离北京、上海、广州、成都、西安等中国主要大城市都在1000千米左右，具有承接东西、贯通南北、维系四方的作用。武汉是中国高铁客运专线网主枢纽，中国四大铁路枢纽、六大铁路客运中心、四大机车检修基地之一，京广、京九、汉丹、沪汉蓉、京港5条铁路干线从武汉穿过。武汉是联系东南西北四方的高速公路节点城市，京港澳、沪蓉、福银、大光

4 条高速公路在武汉交汇。武汉是中国内河的重要港口，是长江中游航运中心，是我国内河通往沿海、近洋最大的启运港和到达港，已形成“干支一体，通江达海”的客货运网络。武汉是华中地区航空中心，武汉天河机场可直飞 20 个国际程城市，是华中地区唯一可办理落地签证的出入境口岸，也是华中地区最大最先进的航空港和飞机检修基地，为全国四大枢纽机场。

巨大的区位交通优势，将为武汉建设国家中心城市提供强大推动力。区位交通优势使得武汉成为联结国内外两个市场和促进中国东、中、西部互动的桥梁纽带，将推动武汉现代物流业的快速发展，武汉有极大的潜力成为国家级交通枢纽。

4.3.2.2　经济发展优势——制造业

作为国家老工业基地，武汉的制造业优势比较突出，在原有计划经济的基础上，经过改革开放以来的一系列调整后，已初步形成门类比较齐全、结构较合理的制造业基础。既有汽车、钢铁、装备制造等传统重工业，也有纺织、服装、食品等轻工业，还有电子信息等高新产业，产业结构比较符合时代的发展需求。2011 年，武汉的一、二、三产业比为 3∶48∶49，武汉目前仍然是一个以工业为主导的城市。第二产业中的汽车、装备制造、钢铁、电子信息产业总产值为 4454 亿元，占全市规模以上工业总产值的 60%，是武汉市的四大支柱产业。

我国目前大部分城市正处于工业化和现代化时期。根据世界城市的发展经验，我国城市工业化时期仍将持续二三十年，而制造业是城市发展的根本动力和强力保障[25]。武汉拥有较强的制造业优势，将极大地促进武汉市的工业化和现代化，为其建设国家中心城市提供强大的动力。

4.3.2.3　辐射优势——商贸业

武汉市是我国内地具有悠久历史的大商埠，因其“九省通衢”的地理位置，商品贸易连通南北、横贯东西，具有先天性优势。商贸业无论在全国、湖北省，还是在武汉市，始终处于举足轻重的地位。从历史上看，汉口是著名的四大商贸重镇之一；从现代商贸发展的情况看，以汉正街为代表的专业批发市场、以武商集团为代表的零售巨头，在全国都有着重大的影响。虽然近年来，武汉商贸业相对于沿海城市(义乌、广州、深圳等)发展较慢，在国外市场的开拓上处于劣势，但对国内市场(尤其是中西部市场)仍有较大的占有率。武汉 2011 年社会消费品零售总额稍落后于 5 个国家中心城市，在区域中心城市中排在第二位，仅次于深圳，武汉商贸业在全国具有极强的竞争力。

武汉的交通优势为商贸业提供了良好的流通基础，武汉的区位优势为商贸业发展提供了广阔市场，武汉商贸业具有较强的竞争力和深厚的基础，极大地增强了武汉市的经济辐射能力。商贸业将成为武汉建设国家中心城市的又一强劲动力。

4.3.2.4 科技创新优势——科学教育

武汉是中国最重要的科教基地之一，科教综合实力居全国大城市前列。武汉拥有包括武汉大学、华中科技大学、华中师范大学等著名学府在内的 69 所本专科高校，超过 100 万在校大学生；拥有各类科研机构 106 所，国家实验室 1 个，国家重大科技基础设施 1 项，国家级重点实验室 13 个，在汉中国科学院与工程院院士 47 名。武汉拥有强大的教育资源、智力资源和丰富的人力资源，科技开发和高等教育实力处于全国领先地位。

但是，目前武汉的科教优势并没有形成生产力优势，科技成果往往转化为其他城市的生产力，高等学府培养的优秀人才流失严重[66]。武汉目前缺乏对高素质人才的吸引力，主要是因为不能为其提供理想的工作岗位。虽然东湖高新区缓解了一部分人才的流失，但是对于人才的吸纳能力仍有限，武汉仍然需要加强现代产业的建设，使科技成果和科技人才为本地所用。未来的社会生产分工将不断细化，城市将会高度职能化，武汉的生产性服务业、工程设计产业、教育产业等现代服务业需要大量的高素质和专业化人才，武汉的科教优势会为城市的发展提供强有力的支持。

4.3.2.5　宜居优势——医疗服务

在武汉卫生行业地位、医疗服务能力在中部地区优势明显。武汉医疗卫生服务能力、医疗科研水平、卫生医疗人才队伍、卫生资源已稳居中部地区6城市龙头地位，在15个副省级城市中位居前列。其中，三甲医院有36家，数量仅次于北京，居全国第二；健康水平的“金指标”人均期望寿命、孕产妇死亡率、婴儿死亡率等，均好于全国平均水平。2011年，武汉地区医疗机构门诊、出院和手术量分别达7750万人次、182万人次和58人次，其中外地来汉门诊和出院分别达322万人次和29万人次，武汉医疗服务初步具有辐射全国的能力。

武汉丰富的卫生资源和强大的医疗服务水平，是武汉走向全国宜居城市的重要保证，是武汉建设国家中心城市的“后勤保障”。

4.3.2.6　人文优势——创意设计业

武汉是传统的工业强市，传统工业催生了新的工程创意设计行业的迅猛发展。在工业设计、建筑设计、服饰设计、室内设计、平面设计、时尚设计、广告创意设计等创意设计领域实力雄厚，钢铁、汽车、船舶、桥梁、交通、水利、电力、煤炭、纺织等领域的创意设计在国内居前列，有的达到国际领先水平。目前，武汉创意设计机构近500家，年产值逾100亿元。“武汉设计”已经取得了举世瞩目的成就，诞生了世界最大的水利枢纽工程、世界断面最宽的海底隧道、世界跨度最大的公铁两用大桥、长江第一桥、长江第一隧、国内首座跨海大桥等设计作品。

武汉是创意产业发展的沃土，武汉悠久的历史为创意设计业提供了丰富的人文资源，全国排名第三的科教实力为创意产业提供了优秀的人才资源。

在英、美等发达国家，创意经济每年以10%以上的速度增长，已经成为国民经济支柱产业，创意产业的就业比重和社会影响越来越大[67]。武汉的创意设计产业优势将为城市提供新的经济增长点，也将为武汉建设国家中心城市提供强有力的人文支撑。

4.3.3 武汉城市职能判定

通过经济、集聚、辐射、交往、科技创新、信息、宜居、人文和绿色九大职能的最终评价结果比较分析可知：武汉的经济发展在区域中心城市中有微弱优势，经济职能有潜在的国家性，未来可能成长为国家中部经济中心；武汉的集聚能力相对较弱，落后于众多城市，集聚职能只具有区域性属性；武汉的辐射能力在区域中心城市中有相对优势(深圳除外)，但与国家中心城市水平相差较远，辐射职能有潜力成为国家性职能；武汉的交往水平相对较差，对人流和物流的吸纳吞吐量相对不足，目前交往职能只具备区域性，但武汉拥有国家级的交通基础设施，未来将成长为国家级的交通枢纽；武汉的科技创新能力较强，甚至超越了广州和天津等国家中心城市，有潜力成长为国家性职能；武汉的信息化水平在区域中心城市中有相对优势，有潜力成长为国家性职能；武汉的宜居水平较低，与其他国家中心城市和区域中心城市相比，有较大差距，宜居职能不明显；武汉的人文发展已经达到甚至超越国家中心城市水平，人文职能具有全国性；武汉在绿色建设方面还有待提升，虽然相对上海、天津、重庆等国家中心城市领先，但与国家领先水平还有较大差距，武汉绿色职能目前仅具有区域性属性。

因此，武汉当前的城市职能可分解为两个层面——区域性职能和国家性职能。区域性职能包括集聚中心、交往中心、宜居中心、信息中心和绿色中心；国家性职能包括经济中心、辐射中心、科技创新中心和人文中心。武汉目前还不具备全球性的职能。见表4-31。

表4-31　　武汉当前城市职能判定结果

	基础职能	成长职能	目标职能
区域性	集聚中心、交往中心	信息中心	宜居中心、绿色中心
国家性	经济中心、辐射中心	科技创新中心	人文中心
全球性	—	—	—

4.4　武汉建设国家中心城市的核心职能体系构建

基于武汉的发展历史和多城市职能评价结果，明确武汉建设国家中心城市的优劣势，综合考虑未来城市的发展方向，从而构建武汉建设国家中心城市的核心职能体系。

武汉建设国家中心城市的核心职能，是武汉在迈向国家中心城市建设的战略突破口和核心竞争力，其选择具有历史性、现实性、目标性。

4.4.1　历史的选择

武汉城市职能的演变依据历史，可以分为5个时期：先秦到秦汉时期，隋唐到明清时期，清末到中华人民共和国成立，中华人民共和国成立后和改革开放后。

4.4.1.1　先秦到秦汉时期——军事职能

武汉的城市职能萌芽于军事职能。唐以前，中国处于军事分裂阶段，农业尚不发达，剩余产品有限，商业贸易尚未完全成型。长江作为"天堑"，在分裂时期，具有重要的军事战略意义。因此，在农业经济与国家分裂格局的双重作用下，武汉在唐代以前是以军事职能为主的城市，3500年前的商代盘龙古城以及之后周、秦、汉、南北朝武汉周围的古城遗址多为军事城堡，可以证明这一点。

4.4.1.2 隋唐到明清时期——商贸职能

隋唐以来，随着国家的统一、农业的不断发展，剩余产品开始出现，武汉的商贸职能开始显现。随着长江和各河道水运网络的开通，加之各朝代多将汉口定为南方赋税、漕粮口岸，在明朝，武汉成为全国性水陆交通枢纽和中国内河最大港口，成为辐射长江中游与西南地区最大的货物集散和贸易中心。城市职能由单一的军事职能转变为交通转运职能和商贸职能[68]。

4.4.1.3 清末到中华人民共和国成立——综合职能体系初步构建

随着汉口的开埠通商，武汉逐步发展成为中国内地首要的经济中心，商贸职能和交通枢纽职能进一步强化，工业职能、金融职能和科教职能开始显现，城市综合职能体系初步建成。第一，商贸职能拓展至世界范围。《天津条约》的签订，使得武汉(汉口)成为对外通商口岸后，对外贸易更与上海并驾齐驱，成为“驾乎津门、直追沪上”的全国第二大城市。第二，工业职能逐步发育。张之洞主政时期，大力推行洋务运动，在武汉创建了一批钢铁、军火工业，武汉近代工业开始兴起。随着汉口的开埠通商，武汉共建有洋行和各类公司 114 家，开设外国工厂 42 家，武汉与上海、天津、青岛、广州等城市发展成为我国主要的加工业城市。第三，交通枢纽职能强化，随着水路的不断延伸、陆路的不断开辟和铁路的不断连通，武汉成为集水路、陆路、铁路于一体的内陆交通枢纽。第四，金融职能快速发展。随着商贸业和工业的壮大，与之配套的金融业得以兴起，至 1948 年，武汉的大小商业银行达 47 家，武汉成为仅次于上海的第二大金融中心。第五，高等教育职能开始形成[54]。在张之洞“兴学为求才治国之首务”的指导思想下，依托武汉强大的经济基础，武汉先后建立了自强学堂(今武汉大学)、湖北农务学堂(今华中农业大学)、湖北工艺学堂(今武汉科技大学)、文华大学(今华中师范大学)、湖北省立教育学院(今湖北大学)等一批高等教育学府，武汉成为国家的高等教育基地。

4.4.1.4 中华人民共和国成立后——综合职能体系弱化

中华人民共和国成立后，我国由半殖民地半封建社会转变为社会主义社会，国家处于百废待兴中，经济建设成为国家的核心任务，工业则成为经济发展的重中之重。根据国家计划经济的战略部署，钢铁、机械、化学等一大批工业落户武汉，武汉成为我国重点发展的工业城市。武汉的核心职能转变为工业职能，金融职能、商贸职能、交通枢纽职能被削弱，城市职能再次单一化。

4.4.1.5 改革开放后——城市综合职能体系的重构

改革开放后，国家开放国内外市场，以传统工业制造为主的经济发展策略发生了改变，国家开始走市场经济之路。武汉凭借优越的交通条件与良好的工业基础，其城市职能再次走向多元化。第一，武汉的商贸业再次繁荣，随着市场经济的深入发展，武汉凭借良好的交通区位，逐步形成了多种经济成分主导的商贸流通格局，商贸业发展更具竞争力和灵活性。第二，工业职能进一步发展，工业结构和工业技术含量得到优化和提升，形成了一批规模化的城市工业组团。第三，科教职能进一步突出，随着国家高等教育资源的整合，武汉的高等院校和科教人才进一步集聚，武汉成为国家级的科教中心。第四，武汉的金融业开始崛起，随着工业的快速发展，与之配套的生产性服务业和金融业也得到良好的发展环境。

纵观武汉的城市发展史，武汉在交通运输、商贸和制造业三个职能上具有先天优势，也是武汉城市发展的根本动力。虽然近年来由于多方面的原因，优势已经大幅减少，但武汉仍然拥有良好的基础设施和产业文化传统，在迈向国家中心城市的建设中，必须加以复兴。

4.4.2　客观现实的选择

从当前的发展现状来看，武汉在交通运输、制造业、商贸业、科技创新、医疗服务、创意设计方面处于全国领先水平，应继续强化其比较优势。

4.4.3　目标导向的选择

武汉想要建设成为国家中心城市，必须满足其基础职能的要求，即成为国家的经济中心、集聚中心、辐射中心和交往中心。此外，基于对未来城市的发展趋势判断，结合自身良好水资源，绿色职能应该成为武汉的核心职能。

因此，武汉建设国家中心城市的终极核心职能定为经济中心、集聚中心、辐射中心、交通枢纽、商贸中心、制造业中心、科技创新中心、教育中心、医疗服务中心、创意设计中心和绿色中心。在未来，依托强大的教育资源基础，武汉的教育和人才培养会辐射全球，成为全球性职能。

根据上述核心职能选择，构建武汉建设国家中心城市的终极核心职能体系，见表4-32。

表4-32　　**武汉建设国家中心城市核心职能体系**

	基础类职能	成长类职能	目标类职能
区域性	公共行政中心、现代服务业中心	信息枢纽	宜居中心
国家性	经济中心、集聚中心、辐射中心、商贸中心、交通枢纽、制造业中心	科技创新中心	医疗服务中心、创意设计中心、绿色中心
全球性		教育中心	人才中心

第 5 章　武汉建设国家中心城市的措施及建议

5.1　基础职能建设建议

5.1.1　外联内优——打造国家交通枢纽

构建交通枢纽网络一体化的多模式综合交通体系，实现航空、高铁、普铁、公路、水运的有效衔接，打造国家级交通枢纽。

(1)坚持航空、高铁、普铁、公路运输、水运等多种交通模式协调发展，充分发挥各种模式优势，构建联通各个交通节点的枢纽网络，形成和谐、高效的对外交通运输体系，缩短武汉与中国主要城市的时空距离。

(2)弥补武汉市西南交通功能不足的现状，均衡武汉市对外交通需求，积极筹建汉阳火车站，承接宜昌、重庆、西安、福州、厦门等方向的客货需求。

(3)客货分线，改善乘客出行环境，节省交通耗时，并提升物流效率与品质，增加经济与社会效益。

(4)开设快速公交，加快轨道交通建设，构建多模式、多层次接驳系统，加强市内交通与对外交通枢纽的高效衔接，特别推动高铁站"三铁"一体化换乘廊道建设，提供便捷、高效的换乘条件，打造安全、舒适的换乘环境。

5.1.2 区域联动——打造国家经济中心、集聚中心、辐射中心

武汉虽被定位为中部中心城市，但其在中部地区的集聚、辐射能力并未真正形成，中部六大城市圈(武汉城市圈、长株潭城市群、中原城市群、皖江城市带、太原城市圈和环鄱阳湖城市群)大多各自为政，经济联系有限，并未形成统一协调的城市连绵区。必须增强区域联动，充分利用中部地区资源和市场，实行中部城市群抱团发展，最终形成以武汉为龙头，郑州、长沙、合肥、南昌、洛阳为经济增长极的一体化发展格局——中部城市群，成为可以媲美长三角和珠三角的国家新增长极。而武汉作为中部城市群的龙头和核心，将成为国家经济中心、集聚中心和辐射中心[69]。

5.1.2.1 发挥比较优势，实施整合战略

从中部崛起的视角出发，结合中部六大城市群(武汉城市圈、中原城市群、长株潭城市群、皖江城市带、环鄱阳湖城市群和太原城市圈)，进行资源整合、优势互补、协调分工，消除恶性竞争，将各自的优势聚合在一起，形成国家级的优势。打造以武汉为龙头，以郑州、长沙、合肥、南昌等省会城市为核心城市，以宜昌、襄阳、洛阳、湘潭、株洲、芜湖、安庆、铜陵等为节点城市，以众多中小城镇为依托的国家中部城市群，成为可以媲美长三角和珠三角的国家新增长极。

5.1.2.2 破除区划壁垒，全面对接发展

打破行政壁垒，大力发展和规范行业协会、区域经济合作组织，建立中部地区统一的金融市场、劳动力市场、能源资源市场、技术市场以及服务市场等，推动生产要素自由流动和聚集发展[70]。整合现有交通资源，加快城市群之间综合交通运输通道建设，努力实现各种交通方式的无缝对接，推进区域对外经济一体化，成为国家新的经济增长极。

5.1.2.3　积极推进同城化发展

推进武汉北部开展“汉孝同城化”、东部开展“汉鄂同城化”，使武汉分别与孝感、鄂州连为一体，进一步壮大武汉的实力。

5.1.3　两业并举——打造国家制造业中心

依托制造业优势，打造现代服务业，实现双轮驱动，打造现代产业体系。武汉建设国家中心城市，以产业创新为动力，以服务创新为切入点，促使生产性服务业与制造业融合互动，推进新的“工业革命”，强化城市产业和经济的集聚。

作为我国主要老工业基地之一，武汉拥有良好的制造业基础。“工业兴，则武汉兴；工业强，则武汉强”。制造业作为支柱产业，是武汉的比较优势，也是武汉建设国家中心城市的核心职能。但是，武汉的制造业也面临国有经济比重过高、结构老化、产业技术水平不高、产业关联度低等问题，必须构建现代产业体系，坚持制造业与服务业并举，走新型工业化道路。

制造业的发展与提升，离不开人流、物流、信息流和资金流，而这“四流”就是生产性服务业的基本元素。以金融服务业、现代物流业、高技术服务业、商务服务业为核心的生产性服务业为制造业提供人流、物流、信息流和资金流，是制造业升级的加速器、助推器，没有发达的生产性服务业，就不可能形成有较强竞争力的制造业。

坚持发展制造业与服务业并举的“双引擎”模式，是许多世界城市的实践经验，也是国家中心城市的产业发展方针。纽约、伦敦、芝加哥、东京等世界城市都强调服务业与制造业“两条腿”走路；北京、上海、广州等国家中心城市在“十二五”发展规划中也都强调同时发展先进制造业和现代服务业。因此，武汉要建设国家中心城市，必须加快推进制造业与现代服务业的融合发展，实现现代制造业与现代服务业的“双赢”。

5.1.3.1 强化制造业优势，提高制造业对服务业的拉力

制造业是生产性服务业发展的基础，为生产性服务业发展提供需求空间。武汉应以调整、优化和提升为方向，以研发、创新和增值为路径，不断强化制造业的竞争力和产业附加值。同时，发挥制造业优势，加快推进先进制造业集聚化，打造光电子信息及生物产业集聚区（东湖新技术开发区—洪山—江夏）、食品轻工产业集聚区（吴家山—黄金口—黄陂）、钢铁化工及装备制造业集聚区（青山—阳逻）、汽车及机电产业集聚区（武汉经济技术开发区—蔡甸—汉南）四大产业集聚区，为生产性服务业提供良好的发展平台。

5.1.3.2 大力发展现代服务业，提高服务业对制造业的推力

武汉要建设成为全国先进制造业中心，离不开生产性服务业的支撑。应大力发展金融服务、现代物流、商务会展、科技服务、信息服务、文化创意六大产业，为制造业提供良好服务环境，引导资源要素集聚，推动制造业产业升级。

5.1.4 整合升级——打造国家商贸集散中心

5.1.4.1 做大做强商贸流通业，打造中部购物天堂

首先，应该强化传统批发市场，合理布局，统筹管理，建设统一的采购交易中心和服务平台；其次，推进商贸企业升级，推进其高端化和现代化发展，打造龙头商贸企业；最后，结合传统商贸资源，积极发展电子商务，实现多渠道、全方位的销售模式。

5.1.4.2 建设全国物流枢纽，打造货物集散中心

整合现有物流资源，积极引进大型现代物流企业，结合水、路、空、铁交通站点，合理布局物流园区，形成功能互补的物流网络体系，

打造覆盖全国、对接全球的货物集散中心。

5.2　成长职能建设建议

5.2.1　教育国际化——打造世界教育中心

(1)积极开展国际学术交流和合作，依托知名高校和重点专业，广开门户，吸纳国际留学生，打造留学生基地。

(2)建设国际高校区，发挥武汉高教优势，吸引国际名校的中国分校落户武汉；鼓励创办国际学校，提升中小学和职业教育国际化。吸引国际教育组织、专业服务机构设点于武汉。

(3)延伸教育深度，构建终生教育体系。依托高校教育资源和师资力量，打造优质的中等教育、初等教育和学前教育，实现优质教育一体化。

(4)积极打造大学城，形成高等教育产业与高新技术产业相互支撑的发展平台。依托武昌高校密集区，结合东湖高新技术开发区，打造产学研一体化的大学城。

(5)扩展教育产业链，开发教育产业外围市场。以高等教育产业为核心，积极打造教科仪器设备、教材、信息、咨询等教育外围产业，实现教育价值最大化。

5.2.2　内升外纳——打造世界人才中心

(1)提升教学质量，扩大教育门类，培养大批量的高素质人才。在“在校大学生数量全球第一”的基础上，加大高等教育投入，提升高等教育水平，培养高质量毕业生；同时，积极支持大学生创业，通过政策支持和大型企业扶持等方式引导大学生创业成长。为武汉，也为全世界培养多门类的高水平人才。

(2)依托高等教育资源和大型企业，积极吸引海内外高水平人才，形成高端人才集聚区。首先，应该强化科技基础设施和环境建设，为高端人才提供优质的科研平台；其次，应该加强科研软环境建设，为高端人才提供丰厚的福利待遇、子女教育和生活环境。

5.2.3 厚积薄发——打造国家科技创新中心

5.2.3.1 提升科技成果转化能力

优先支持高等院校、科研院所科技成果就地转化。依托高教与科研资源，积极推进技术市场建设，构建企业之间、企业与高等院校和科研院所之间高效的技术转移通道[71]，打造产、学、研、创四位一体的科技转化平台。

5.2.3.2 打造科技创新平台，增强科技服务功能

加强各类工程技术中心和科技创业服务中心等创新创业基地建设，以各类开发区和工业园区建设为载体，以产业集群为主要组织形式，积极打造创新高地，形成科技创新体系的空间格局。

5.2.3.3 构建合理科技创新结构，强化企业科技创新能力

努力培育龙头骨干企业、积极引进大型跨国公司，激励中小型民营科技企业的创新，强化企业在科技创新体系中的主体地位与作用。

5.2.3.4 挖掘传统地域文化精髓，借鉴和吸收全球开放文化的有益成分

构建城市创新文化，形成具有城市特色和人文亲和力的创新环境。

5.3　目标职能建设建议

5.3.1　另辟蹊径——打造国家创意设计中心

(1)政策扶持，把设计和创意产业作为城市新的经济增长点来培育，建设设计创意之城。

(2)整合现有资源，统筹管理，做大做强工程设计服务产业，打造“武汉设计”品牌，建设中国设计之都。

(3)加快创意产业基地园区建设，为创意产业提供发展空间，推动创意产业集群发展，打造创意产业联盟。

5.3.2　后来居上——打造国家绿色中心

(1)优化生态网络，严格保护自然山水资源，加强水体修复与山体恢复，推进生态造林工程，增加农林资源总量，为动植物预留生存空间，打造生态多样化的城市“绿肺”。

(2)综合治理城市环境污染问题，塑造绿色城市。加强水源地环境保护与污水处理能力，有效控制大气环境、声环境、固体废弃物等污染，实行严格的监管措施；合理布局生态廊道与城市风道，改善城市热岛效应；积极开发新能源、可再生能源，大力推广清洁能源的使用。

(3)建设城市绿道，打造低碳出行网络。制订城市绿道网络建设规划，以绿道串联山体、江河湖港、公园景区、名胜古迹、居民集聚区和大型公共设施，加强与公共交通衔接，构建绿色城市网络。

5.3.3　以人为本——打造国家医疗服务中心

(1) 整合医疗资源，完善医疗布局，打造医疗强市。重点整合主城区现有医疗卫生资源，实施医疗资源共享和错位发展的良性发展策略，打造国家龙头名院群。在经济新兴、人口聚集较多的城市新区，布局医疗卫生设施，完善服务功能。在城市郊区，建设高技术、高水平、大规模的高端医疗服务机构，引进外资、社会资本参与建设高档次国际化大型医院，形成优质医疗集群区，满足医疗高端消费人群、外籍人士特需医疗服务需求。

(2)提升医疗服务水平，扩大医疗服务辐射范围。支持省部属、部队及市属大型综合医院做大做强，逐步形成一批在全国综合实力名列前茅，具有全国性引领、示范和辐射能力的龙头名院群体；重点扶持一批市属医院加快专科化发展，使其成为全国影响力和辐射力较强的品牌专科医院，既满足市民健康需求，也能引外地人来汉就医。

(3)打造智慧医疗平台。推进医疗机构信息化建设，实现智慧医疗全城共享。以云计算技术为支撑，建设涵盖城乡居民健康档案、基本医疗、公共卫生、基本药物等基层医疗卫生机构管理信息系统，实现全市所有基层医疗机构全线业务的信息化服务与监管。利用物联网和无线移动等技术，实现家庭全科医生智能终端配备，为社区及农村居民提供更加细致高效的医疗卫生服务，实现移动医疗、协同医疗、临床路径管理、智能感知、智能办公等应用。

第6章 结　　语

世界城市作为城市体系的最高等级，是城市发展的标杆。作为成长最快和未来世界上的重要国家，国家中心城市不仅是我国最重要的政治、经济、文化中心，而且其成长前景必然成为世界城市。目前世界城市的发展历程、认定标准、评价体系和远景规划，为国家中心城市认定、培育提供了可借鉴的指引。建立当前我国的国家中心城市职能评价体系，有利于分析判定目标城市在政治、经济、交通、人文、创新、环境等方面的优势和不足，也有利于不同城市在全球化进程中巩固基础职能，培育成长职能，选择目标职能，让国家中心城市在我国城市化进程中发挥更大的作用，更多地参与全球政治、经济、科技和文化分工，增强国家的综合实力。国家中心城市的职能是在历史发展进程中不同条件下逐渐形成的，因地域不同和时段变化也有所变化。我国国家中心城市建设既要立足于现实，发展基础职能；也要关注创新，积极培育成长职能；更应以世界城市为标杆，瞄准未来发展趋势，树立高远目标职能。

武汉存在集聚能力不强、交往水平不高、宜居水平较低、城市环境较恶劣等不足，但在区位、制造业、商贸、科教、医疗服务、人文等方面优势明显。既已选定建设国家中心城市的发展目标，就要厘清职能体系，明确核心职能，巩固区域性职能，包括集聚中心、交往中心、宜居中心、信息中心和绿色中心；强化国家性职能，包括经济中心、辐射中心、科技创新中心和人文中心；逐步培育部分全球性的职能。

6.1 研究创新点

6.1.1 提出具有时空属性的城市职能动态体系

根据国内外对于城市职能的定义和内涵理解，结合城市职能的时间属性和空间属性，创造性地提出了城市的动态职能体系。将城市职能的发展历程(时间属性)作为横轴，城市的职能的辐射范围作为纵轴，构建具有时空属性的城市职能动态体系。城市职能动态体系的构建有利于客观、全面地认识城市，并为城市的未来发展指明方向。

6.1.2 构建我国国家中心城市职能评价体系

基于国家中心城市的内涵、定义、特征以及城市职能动态体系，结合世界城市评价体系和我国特色的城镇等级评价体系，构建了我国国家中心城市职能评价体系。建立了由“基础职能”“成长职能”和“目标职能”组成的三维度国家中心城市职能评价体系。为城市梳理发展优劣势，为其建设提供明确定位、实施路径，达到建设国家中心城市的最佳效果和最短路径。

“基础职能”是指国家中心城市必须具备的职能，主要来源于国家中心城市的特征和内涵理解，属于识别性指标，用于评价发展现状；“成长职能”主要反映城市建设国家中心城市的潜力和竞争力，属于路径性指标，用于评价发展潜力、指引发展路径；“目标职能”主要反映未来城市发展的方向和重点，属于展望性指标，用于评价未来城市特色。

6.2 主要结论

6.2.1 国家中心城市的定义

国家中心城市，是指全国城镇体系的最高等级城市，国家重点城镇群的中心城市，全国性的战略中心，全球城市网络体系的重要功能节点，代表国家或区域参与国际交流和国际竞争的门户，有潜力成为世界城市的城市。

6.2.2 武汉建设国家中心城市具有较强的竞争力

通过对11个城市职能综合评价的比较分析，北京城市职能综合度最高，其次是上海，作为国家经济特区的深圳则超越3个国家中心城市(广州、天津和重庆)而位于第三位，广州、天津和重庆分列第四、五、六位，南京、武汉、成都、沈阳和西安分列第七、八、九、十、十一位。武汉在区域中心城市中列第三位(仅次于深圳和西安)，深圳已经达到国家中心城市水平，南京相对于武汉的优势十分微弱，而且武汉相对于西安、成都和沈阳具有较大的领先。因此，武汉建设国家中心城市具有较强的竞争力，但也存在强劲的对手。

6.2.3 武汉建设国家中心城市的核心职能

基于武汉的发展历史和武汉当前的发展优劣势，综合考虑未来城市的发展方向，确定了武汉建设国家中心城市的核心职能。武汉建设国家中心城市的终极核心职能定为国家经济中心、集聚中心、辐射中心、交通枢纽、商贸中心、制造业中心、科技创新中心、医疗服务中心、创意设计中心和绿色中心。在未来，依托强大的教育资源基础，武汉的教育和人才培养会辐射全球，成为全球性职能。

6.3 研究局限和展望

本书建立了由“基础职能”“成长职能”和“目标职能”组成的三维度国家中心城市职能评价体系。但在具体的评价指标选择上还不够全面，不能完整的展示国家中心城市的职能，评价指标还有待进一步挖掘和完善。另外，数据的获取也存在局限性，最终的评价结果不具备绝对的科学性。在后续研究中，将继续挖掘评价指标，构建科学、实用和完善的国家中心城市职能评价体系，并对武汉建设国家中心城市进行实时监测和评估。

参考文献

[1]Friedmann J. The World City Hypothesis[J]. Development and Chang, 1986(17).

[2]李晓江."钻石结构"——试论国家空间战略演进[J]. 城市规划学刊，2012(2).

[3]Peter H. The World Cities[M]. London：Heinemann，1966.

[4]Friedmann J，Wolff G. World City Formation：An Agenda for Research and Action[J]. International Journal of Urban and Regional Research，1982(6).

[5]Sassen S. Global Financial Center[J]. Foreign Affair，1999，78.

[6]苏辉，李萍，崔萍，等.北京建设世界城市监测评价体系探讨[C]. 北京市第十六次统计科学研讨会，2011.

[7]Sassen S. The Global City：New York，London，Tokyo[M]. Princeton University Press，1991.

[8]Castells Manuel. The Rise of the Network Society [M]. Oxford：Blackwell，1996.

[9]Taylor Peter J. World City Network：A Global Urban Analysis[M]. London：Routledge，2004.

[10]Taylor P J，Ni P，Derudder B，et al. Global Urban Analysis：A Survey of Cities in Globalization[M]. London：Routledge，2012.

[11] Economic Intelligence Unit. Hot Spots Benchmarking Global City

Competitiveness [EB/OL]. http://www.citigroup.com/citi/citiforcities/home_articles/n_eiu.htm. [2015-06-16].

[12] The Mori Memorial Foundation. Global Power City Index 2013 [EB/OL]. http://www.mori-m-foundation.or.jp/gpci/pdf/GPCI2013_eng.pdf. [2015-06-15].

[13] PwC. Cities of Opportunity 6 [EB/OL]. http://www.pwc.com/us/en/cities-of-opportunity/index.jhtml. [2015-06-15].

[14] 屠启宇. 世界城市指标体系研究的路径取向与方法拓展[J]. 上海经济研究, 2009(6).

[15] 段霞, 文魁. 基于全景观察的世界城市指标体系研究[J]. 中国人民大学学报, 2011(2).

[16] 唐子来, 李粲. 迈向全球城市的战略思考[J]. 国际城市规划, 2015(4).

[17] 周阳. 国家中心城市: 概念、特征、功能及其评价[J]. 城市观察, 2012(1).

[18] 陈来卿. 建设国家中心城市以功能论输赢[J]. 城市观察, 2009(2).

[19] 李林. 国家中心城市功能选择与实施路径[J]. 城市, 2011(10).

[20] 朱小丹. 论建设国家中心城市——从国家战略层面全面提升广州科学发展实力的研究[J]. 城市观察, 2009(2).

[21] 王国恩, 王建军, 周素红, 等. 基于国家中心城市定位的广州核心职能研究[J]. 城市规划, 2009(S2).

[22] 路洪卫. 推动武汉建设国家中心城市的战略突破口研究[J]. 湖北社会科学, 2012(4).

[23] 赵凌云. 建设武汉为国家中心城市的战略思考[J]. 武汉建设, 2011(1).

[24] 辜小勇. 武汉建设国家中心城市前景分析[J]. 长江论坛, 2012(4).

[25]李春香. 武汉建设国家中心城市的比较与思考[J]. 科技创业月刊, 2011(17).
[26]罗志刚, 裴新生. 对中心地理论的反思[J]. 规划师, 2006(6).
[27]闫卫阳, 王发曾, 秦耀辰. 城市空间相互作用理论模型的演进与机理[J]. 地理科学进展, 2009(4).
[28]潘庆, 张王雁, 杨成凤. 国内外城市经济基础理论研究综述[J]. 安徽师范大学学报(自然科学版), 2011(4).
[29]褚淑贞, 孙春梅. 增长极理论及其应用研究综述[J]. 现代物业(中旬刊), 2011(1).
[30]Geddes P. Cities in Evolution[M]. London: Benn, 1915.
[31]Castells M. The Rise of the Network society[M]. London: Blackwell, 1996.
[32]Sassen S. Cities in a World Economy[M]. London: Pine Forge Press, 1994.
[33]Peter J T. World Cities and Territorial States under Conditions of Contemporary Globalization, the 1999 Annual Political Geography Lecture[J]. Political Geogrephy, 2000(19).
[34]谢守红, 宁越敏. 世界城市研究综述[J]. 地理科学进展, 2004(5).
[35]宋家泰, 顾朝林. 城镇体系规划的理论与方法初探[J]. 地理学报, 1988(2).
[36]张复明, 郭文炯. 城市职能体系的若干理论思考[J]. 经济地理, 1999(3).
[37]许锋, 周一星. 我国城市职能结构变化的动态特征及趋势[J]. 城市发展研究, 2008(6).
[38]孙则昕, 周一星. 再论中国城市的职能分类[J]. 地理研究, 1997(1).
[39]Peter J T. World Cities and Territorial States under Conditions of

Contemporary Globalization II：Looking forward，Looking ahead[J]. GeoJournal，2000(52).
[40]Hill R C，Fujita K. Osaka's Tokyo Problem[J]. International Journal of Urban Regional Research，1995(19).
[41]刘玉芳. 北京建设世界城市评价与对策研究[D]. 北京：北京工业大学，2009.
[42]宁越敏. 世界城市崛起的规律及上海发展的若干问题探讨[J]. 城市问题，1994(6).
[43]王桂新. 转型与创新——上海建设世界城市持续驱动力之探讨(摘要)[R]. 北京：北京论坛，2012.
[44]李峰，丰广，李心颖. 武汉市与上海、深圳等城市经济发展水平比较分析[J]. 商场现代化，2007(8).
[45]常瑞祥，安树伟. 中国超大城市集聚性评价研究[J]. 兰州商学院学报，2009(3).
[46]冯德显，贾晶，乔旭宁. 区域性中心城市辐射力及其评价——以郑州市为例[J]. 地理科学，2006(3).
[47] Chakravorty S. Urban Development in the Global Periphery：The Consequences of Economic and Ideological[J]. The Annals of Regional Science，2003.
[48]谢芸. 城市创新能力与城市信息化水平测度研究[D]. 上海：华东师范大学，2008.
[49]魏诗礼. 城市信息化水平测评指标体系的研究与应用[D]. 上海：同济大学，2006.
[50] Moss M L. Telecommunication，world Cities and Urban Policy[J]. Urban Studies，1987，6(24).
[51]王文元. 略论城市人文环境[J]. 城市发展研究，2004(3).
[52]王文元. 城市人文环境与城市个性[N]. 中国建设报.
[53]刘丽红. 提升城市宜居水平需处理好五种关系[J]. 中国城市经济，

2011(26).

[54]Friedmann J. Where We Stand: A Decade of World City Research, In: Knox P L. and Taylor P J. World Cities in a World System[M]. Cambridge: Cambridge University Press, 1995.

[55]李超．绿色城市发展战略体系研究[D]．南京：南京林业大学，2006.

[56]郭金玉，张忠彬，孙庆云．层次分析法的研究与应用[J]．中国安全科学学报，2008(5).

[57]袁永友，赵君．改革开放以来武汉商贸业的地位变迁与启示[J]．商业时代，2009(20).

[58]王海江，苗长虹．我国中心城市对外服务能力的空间格局[J]．地理研究，2009(4).

[59]刘珊珊，程胜高，朱罡．环境保护规划与武汉的城市生态建设[J]．湖南环境生物职业技术学院学报，2005(4).

[60]廖志涛．"十一五"武汉市产业结构调整的战略与措施[D]．武汉：华中科技大学，2005.

[61]刘喜爱．武汉就业问题：形势分析与战略对策[J]．长江论坛，1996(6).

[62]蒋素娟，胡碧玉．武汉与京津沪经济实力的比较研究[J]．甘肃农业，2006(12).

[63]胡润州．武汉城市公共交通存在的主要问题分析[J]．人民公交，2012(6).

[64]张建军．"两型社会"背景下武汉生态城市建设评价[D]．武汉：华中师范大学人文地理学，2011.

[65]薛兵旺．科技全球化与武汉科教兴市的思考[J]．武汉市经济管理干部学院学报，2005(2).

[66]厉无畏，王慧敏．创意产业促进经济增长方式转变——机理·模式·路径[J]．中国工业经济，2006(11).

[67]赵群毅，金晓哲．武汉城市职能的历史演变与区域比较研究[J]．现代城市研究，2006(2)．
[68]胡树华．中部崛起的战略与政策研究[J]．中国软科学，2005(5)．
[69]宋智勇．中部六大城市群一体化发展研究[J]．宏观经济管理，2011(8)．
[70]周洪宇，叶平，叶显发，等．武汉市科教优势与人才优势转化为发展优势的研究[J]．武汉市教育科学研究院学报，2006(11)．